市政与环境工程系列丛书

电镀废水处理技术与工艺研究

主　编　王宏杰　赵子龙
副主编　孙飞云　杜　红
主　审　董文艺

中国建筑工业出版社

图书在版编目（CIP）数据

电镀废水处理技术与工艺研究/王宏杰，赵子龙主
编；孙飞云，杜红副主编. —北京：中国建筑工业出
版社，2021.10
　（市政与环境工程系列丛书）
　ISBN 978-7-112-26469-8

Ⅰ.①电…　Ⅱ.①王…②赵…③孙…④杜…　Ⅲ.
①电镀-废水处理-研究　Ⅳ.①X781.103

中国版本图书馆 CIP 数据核字（2021）第 162648 号

责任编辑：张　健　张　瑞
责任校对：张　颖

市政与环境工程系列丛书
电镀废水处理技术与工艺研究
主　编　王宏杰　赵子龙
副主编　孙飞云　杜　红
主　审　董文艺

*

中国建筑工业出版社出版、发行（北京海淀三里河路 9 号）
各地新华书店、建筑书店经销
北京科地亚盟排版公司制版
北京建筑工业印刷厂印刷

*

开本：787 毫米×1092 毫米　1/16　印张：8½　字数：211 千字
2021 年 11 月第一版　　2021 年 11 月第一次印刷
定价：**40.00** 元
ISBN 978-7-112-26469-8
（38011）

前　言

电镀行业是现代工业体系中不可或缺的组成部分，其被广泛应用于航空航天、电子通信、石油化工、机械制造、兵器装备等领域。20世纪八九十年代以来，受投资规模、科技水平、装备技术、管理制度和环保意识等诸多因素限制，国内多数电镀企业均遵循"高投入、高能耗、高污染、低效能"的传统粗放型发展模式，清洁生产和绿色发展理念严重匮乏，由此引发的水环境污染事件屡见不鲜。随着中国工业化步伐的加快，电镀行业废水处理问题日益突出。尽管自2008年国家颁布《电镀污染物排放标准》（GB 21900－2008）以来，电镀行业废水治理全面纳入法制化管理轨道，但在高排放标准要求下，其相关技术与管理仍然面临严峻挑战。

哈尔滨工业大学（深圳）国家水专项实验基地长期致力于水体污染控制理论与技术、环境新材料与新设备、污水处理及资源化等方面的研究，在电镀废水处理方面开展了大量基础性和前沿性的研究工作，积累了丰富理论知识和工程经验，形成了一系列具有自主知识产权的先进科研成果。为了更好地反映上述成果，为广大环保工程工作者和工程建设者提供必要的资源支撑，国家水专项实验团队通过对以往工作及相关文献资料的整理、归纳和总结编著了此书。

本书共分7章：第1章电镀行业发展及管理概述，具体介绍了电镀行业的发展历程和电镀园区的建设与发展状况，并从政府、园区和行业协会等方面描述了电镀行业管理体系。第2章电镀废水处理现状，简要介绍了近代以来电镀废水处理技术的发展历程和现行电镀污染物排放标准，系统阐述了当前电镀废水处理面临的问题，为电镀废水综合防治处理指明了方向。第3章电镀废水水质分类、来源组成及水质特性，简要介绍了电镀工艺流程、电镀废水的来源及组成，并根据电镀废水的种类和水质特性，提出了水质分类依据和方法。第4章电镀废水化学处理技术、第5章电镀废水物化处理技术和第6章电镀废水生物处理技术，详细介绍了电镀废水物理、化学及生化处理方法的基本原理、技术特点、适用范围和影响因素等内容。第7章电镀废水深度处理技术，围绕膜处理技术对膜分离的定义和分类、特点及应用进行了概述，详细介绍了各种膜分离技术的原理、反应机理、膜组件的特点和应用状况。第8章电镀废水强化处理技术研究，针对电镀废水中典型特征污染物，基于国家水专项实验团队开发设计的不同高级氧化技术，具体阐明了其对电镀废水的处理特性，以期为高级氧化技术强化处理电镀废水提供理论基础和应用指导。本书第1章、第3章、第4章和第5章由王宏杰负责编著，第2章和第8章由赵子龙负责编著，第6章和第7章由杜红和孙飞云负责编著。

本书得到了国家自然科学基金"具备双反应中心的生物炭基金属催化剂制备及其效能研究（52000051）"、"深圳市高端人才科研启动经费（FA11409005）"、广东省自然科学基金"生物炭基催化剂的制备及其湿式氧化处理化学镀镍废液（2017A030310670）"和国家科技重大专项子课题"典型行业排水特征污染物脱除成套技术研究与示范（2012ZX07206-

002-02)"的支持。在本书的编写、校对和修改过程中，感谢侯子泷、韩琦、任亚涛、曾志伟及其他研究生和出版社编辑同志等给予的大力支持和帮助。编写过程中，作者广泛参阅并引用了国内外大量相关文献和专著，在此也一并表示衷心的感谢。由于编者水平和经验有限，疏漏和不足之处在所难免，敬请同行和专家批评指正。

编　者

2020 年 5 月于国家水专项研究基地

目　　录

第 1 章 电镀行业发展及管理概述

1.1 电镀行业发展状况

电镀是基于电解作用原理，在金属或非金属制品与材料表面沉积金属或合金薄层的表面处理工艺。自 1840 年英国 Elkington 获得氰化银专利并实现工业化应用以来，电镀工艺至今已有 180 多年的历史。19 世纪 40 年代，电铸铜、酸性硫酸铜镀铜、镀镍、铜锌合金（黄铜）和贵金属合金电镀等工艺相继被开发，电镀槽及相关装备同步被扩大化应用至大型铸件和特定工件的表面处理。19 世纪后期，受益于发电机电流控制程度的提高，金属机械部件、五金件及汽车零部件基本实现批量电镀加工。在两次世界大战和航空业发展的推动下，包括镀硬铬、铜合金电镀、氨基磺酸镀镍在内的多种电镀工艺得到进一步发展和完善，生产模式开始从手工操作向全自动化运营转变。20 世纪初期，酸性硫酸盐镀锌、氰化物镀锌、镀铬等工业方法被提出，电镀产业逐渐发展成为完整的电化学工程体系。20 世纪 90 年代，在可持续发展战略思想指导下，强化生产过程污染防控成为现代电镀工业和企业发展的新模式，相关清洁生产技术如逆流清洗技术、无氰电镀、代六价铬电镀、代镉电镀、无氟无铅电镀、达克罗（Dacromet）与交美特（Geomet）表面防腐技术等在电镀行业获得推广应用。

我国电镀产业发展相对较晚，自 19 世纪 60～90 年代"洋务运动"时期起开始引入西方电镀基础知识。《镀金》、《电气镀金略法》、《电气镀镍》、《电气镀金总法》等是相对较早的电镀译书。在系列宣传推广和工艺实践之下，电镀工艺在军工企业、印刷业、首饰业等行业获得初步应用。1910 年，北京、天津、上海、杭州、广州等工业城市建立专业电镀厂，标志着我国电镀工业发展的开端。近代社会"大跃进"时期，我国在电镀自动化生产、金属腐蚀试验站建设、专业杂志创刊、企业电镀标准编制、电镀书籍编写等方面开创了电镀发展新局面。20 世纪 70 年代中期，为适应国际发展形势，我国积极开展锌酸盐镀锌、无氰镀锌、无氰镀铜锡等"无氰电镀"工艺研究和推广应用。改革开放初期，电镀产业迎来全面发展，新技术、新工艺、新材料、新设备层出不穷，例如大型制件镀硬铬、低浓度铬酸镀铬、低铬酸钝化、无氰镀银及防银变色、三价铬盐镀铬、光亮镀层沉积等相继投入工业生产应用；锌基合金电镀、复合镀、化学镀镍磷合金、电子电镀、纳米电镀、花色电镀、多功能电镀以及各种代氰、代铬工艺陆续被开发；双极性电镀、换向电镀和脉冲电镀等新工艺与设备不断涌现。

伴随现代科技水平和制造产业的迭代更新以及发达国家的污染转移，现阶段我国电镀规模、产量及产值均已进入电镀大国行列，但对标国际，先进与落后并存。时至今日，我国电镀品种已由单一金属（锌、铜、镍等）发展到多元合金（铜镍、铜锌、铜锡等），电镀基材已从钢铁、铜及其合金材料拓展到轻金属、锌基合金压铸件、工程塑料、陶瓷、玻璃、石膏、纤维等非金属材料，电镀工艺也从普通电镀转变为化学镀、复合电镀、高速电镀、脉冲电镀、电铸、机械镀、真空蒸镀、离子镀等工艺，电镀产品质量需求亦由单纯防护性装饰镀层提升至功能性镀层。

电镀行业属于环境高敏感、高能耗行业。电镀行业生产过程中涉及重金属、有机物、氰化物及危险固体废物等污染物，已于 1994 年被列入国家限制性发展行业。我国电镀企业量大面广，主要分布于长三角（如上海、苏州、无锡、南京、杭州等地）、珠三角（如广州、深圳、中山、东莞、惠州、阳江、肇庆、珠海、清源、佛山、汕尾等地）、渤海湾（如北京、天津、大连、沈阳等地）以及其他工业制造业发达地区（如重庆、西安、兰州等地）。截至 2018 年底，我国规模以上电镀企业（包括电镀车间）约 2 万家，电镀生产线 5 000 多条，产品年加工面积约 13 亿 m²，年生产总值超过 100 亿元。其中，广东省电镀规模最大、厂点最多，辖区内电镀企业共计 1680 余家，年总销售额 400 多亿元。根据电镀技术应用领域划分（图 1.1），我国电镀企业在机械业、轻工制造业、电子行业的应用比例相对较高，分别占 34%、20% 和 15%，其余则分布在航天、航空及仪器和仪表等高端行业，应用热点正逐渐从机械、轻工等行业向电子、钢铁等行业扩展转移。由电镀行业镀种分类来看（图 1.2），镀锌生产线所占比例最高，为 35%～45%；镀铜、镀镍及镀铬生产线次之，约为 20%；镀铅、镀锡和镀金生产线仅占 5%；其他镀种生产线合计为 30%～40%。

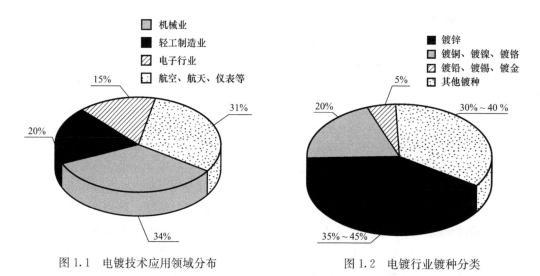

图 1.1　电镀技术应用领域分布　　　　　　图 1.2　电镀行业镀种分类

1.2　电镀园区建设与发展

改革开放之前，我国电镀工业规模相对较小，除少数专业电镀厂外，其他多数为各行各业产品制造厂内设的电镀分厂或车间，甚至是电镀工段或班组。改革开放之后，应轻工业产品的配套加工需求，涌现出大量的乡镇电镀企业。据不完全统计，截至 20 世纪末，全国注册电镀企业 1 万多家，职工总数约 40 万人，其中约 40% 为乡镇企业。由于缺乏行业标准和对口的政府管理部门，我国电镀工业分布和发展未能得到统一的协调和规划，长期以来一直处于劣势，例如电镀企业多以中小规模为主，涉及面广、集中程度低，结构布局缺乏合理性；经营理念陈旧，管理模式粗放，人员配备欠缺，行业发展良莠不齐；基础设施建设和生产工艺滞后，专业化、机械化、自动化程度低，自主创新能力不足，整体能耗、物耗和水耗、资源回收循环利用与国际先进水平存在明显差距；企业环保意识和责任意识薄弱，随意排放、超标排放或偷排、漏排等现象时有发生，地方政府缺乏长效监管机制或监管力度不足，环境污染有效治理效率低等。

20 世纪 90 年代，为切实推动电镀产业结构调整与优化，加强电镀企业环境监督管理，实现电镀行业经济效益、环境效益和社会效益的相互协调，电镀工业园区"集中建设、集中治污"运营模式应运而生，即基于循环经济理念和系统创新理论，对电镀企业进行关停并转统一规划，实行电镀生产的合理分工与协作，并集中建设电镀基础设施和三废处理中心，对生产过程产生的废水、废液、废气、废渣进行统一收集、集中处理处置。就电镀工业园区营运模式而言，其主要包括以下 3 种：①在政府引导作用下，企业就地改造，建成污水集中处理区，如浙江余姚、温州后京等；②政府投资建设污水处理等基础设施，并主导企业管理，企业或第三方负责厂房建设，如广东高平电镀集中区、无锡杨市表面工业处理技术园、苏州黄桥和安徽芜湖电镀园区等等；③政府统一规划下，第三方专业投资单位负责建设、营运、管理等服务，如江苏镇江华科电镀区、南京红山表面处理工业园和广东崖门电镀基地等。

在企业入园的政策导向下，我国电镀企业布局逐渐由相对分散向整合转移，电镀工业园区数量呈现明显增加趋势。截至 2019 年底，全国已经建成超过 132 个专业电镀工业园区。2013 年至 2018 年，电镀工业园区收益由 16.0 亿元增加至 64.7 亿元，复合年增长率达 32.2％，2020年底电镀工业园区收益已持续增长至 91.5 亿元（图 1.3）。目前，我国主要电镀工业园区地区分布情况见表 1.1，其中，以广东龙溪电镀基地、广东崖门电镀基地、无锡金属表面处理科技工业园、镇江环保电镀区、浙江瓯海电镀工业园、西安电镀工业园等最具典型。

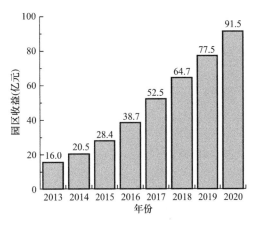

图 1.3　我国电镀工业园区市场规模

我国主要电镀工业园区地区分布情况　　表 1.1

所在省市		电镀工业园区名称
广东省	揭阳	揭阳电镀工业区
	汕尾	海丰县合泰电镀工业园
	惠州	博罗县龙溪环保电镀产业园
		汤泉侨兴电镀工业园区
	广州	黄埔区电镀城
		增城田桥电镀城
	东莞	长安锦厦河东电镀城
		麻涌镇电镀城
		东莞电镀工业园

所在省市		电镀工业园区名称
广东省	深圳	深圳电镀工业园
	清远	石角七星洋影电镀城
	珠海	富山工业区专门电镀区
	中山	三角镇高平工业区电镀工业城
		小榄电镀城
	顺德	华口电镀城
	肇庆	四会南江工业园电镀城
		四会市龙浦镇电镀工业园
	江门	白沙工业区
		新会崖门定点电镀工业基地
		天创电镀工业基地
江苏省	无锡	杨市金属表面处理工业园区
		江阴市祝塘镇电镀中心
		无锡金属表面处理科技工业园
	徐州	徐州电镀工业园
	苏州	昆山千灯电路板工业区
		昆山经济开发区电镀集中区
		苏州大庄电镀工业园区
		吴江同里金属表面工业区
		吴江市运东邱舍金属表面加工区
		昆山兵希电镀专营区
		胜浦电镀专业区
		相城区黄桥电镀集中区
		太仓双凤五金机电（电镀）集中作业区
	镇江	镇江环保电镀区
		镇江新区华科电镀园区
		靖江市电镀集中区
		丹阳沿江生态电镀集中整治环保园区
	南通	如东经济开发区表面处理中心
		南通高新技术产业开发区金属表面处理及热加工和电子元器件制造业涉重企业生产片区
		海安县经济开发区金属表面处理中心搬迁安置区
		如皋经济开发区金属表面处理产业园
		启东市经济开发区电镀中心
	南京	南京红山表面处理工业园
		南京六合区表面处理中心
	泰州	靖江市电镀集中区

所在省市		电镀工业园区名称
浙江省	宁波	镇海蛟川工业园电镀城
		鄞州区电镀工业城
		宁波电镀工业园区
		金华电镀工业园区
		北仑江南电镀中心
		慈溪联诚电镀园区
	温州	金乡镇电镀工业园
		瑞安电镀工业园区
		鹿城区后京电镀基地
		龙湾蓝田电镀园区
		开发区海城电镀园区
		瓯海电镀工业园区
辽宁省	辽阳	庆阳电镀工业园
	大连	经济技术开发区电镀工业园
		甘井子电镀园区
河北省	廊坊	大城阜草电镀工业园区
北京	昌平	昌平创业工业园
山东省	青岛	胶州电镀工业园
		青岛开发区电镀工业园
		丛林电镀工业园
天津	天津	三环乐喜电镀中心（自成一体）
		滨港电镀产业基地
陕西省	西安	户县沣京工业园表面精饰基地
		西安表面精饰工业园区
重庆	重庆	江北藏金阁电镀中心
		重润表面工程科技园
		重庆合川表面处理园区
		重庆安坪工业园区
安徽省	芜湖	芜湖工业园电镀中心
	合肥	华清合肥表面处理基地
	六安	舒城联科电镀园区
福建省	福州	福州电镀工业园
黑龙江省	哈尔滨	哈尔滨电镀工业园区
江西省	九江	万利通（九江）电镀集控园区
		赣州福龙源环保电镀产业园
		玉环县电镀中心
		九江市电镀集控区
		吉水县电镀集控区
		金禹环保表面处理产业中心

电镀工业园区建设符合电镀产业发展规律，是适应我国国情的成功发展模式。随着近年来电镀工业园区的蓬勃发展，其优势日益凸显，例如：①便于调整、合并和改造老旧电镀企业，开展环境集中整治和监管，提高环境管理水平；②有助于减轻企业污水处理负担，提升生产经营和科技创新能力，提高劳动生产率和资源利用率；③有利于发展电镀行业专业协作，促进企业间技术交流，普及推广先进科学技术，提高清洁生产和节能减排水平；④有助于加强园区范围内中水就地回用，节省企业生产成本；⑤有利于吸引外商投资，打造花园式现代工业园区，推动区域生态环境持续改善。然而，作为新兴事物，电镀工业园区的创建无先例可循，其规划建设和管理运营过程充满诸多的未知和不确定性，因此也存在但不限于以下问题：

(1) 园区发展定位模糊。针对电镀工业园区的开发建设，部分地方政府仍停留在计划经济思维认知层次，对园区区域经济带动效应预判不足，欠缺区域平衡和配套政策的统筹考虑，因此无法在园区选址、规划、建设、运营等阶段提供实质性的指导意见和保障措施。同时，由于缺乏系统充分的市场调研、精细策划和产业规划，园区发展定位模糊，难以形成强劲的资源整合、鲜明的区域特色以及行之有效的开发和盈利模式。部分园区经济规模和聚集效应有限，应有的资源集约利用度明显不足；部分园区则热衷于追求入园企业数量与效益，盲目求大求全，俨然成为电镀企业的集中区，而非现代电镀的发展区、示范区，对资源环境承载力构成了极大威胁。

(2) 园区建设投入不足。园区项目兼具商业性质和公益性质，初期建设或升级改造投资成本高、回收周期长，部分园区建设营运甚至长达 10 年仍未实现盈利。园区入驻企业主要以政府强制要求接收的当地企业和后期招商引进的企业为主，其在发展规模、技术水平、创新能力、财务状况、管理能力等方面参差不齐，现阶段尽管多数电镀企业已经实现了自动化或半自动化生产，但达到国际先进水平的生产线较少，工艺水平差、生产效率低，物耗能耗高的生产线依然存在，甚至仍有少数需要手工操作的电镀线和含氰电镀线。面对严苛的环境高标准管控，在缺乏充足资金投入的情况下，园区升级改造动力和综合实力不足，发展停滞不前。

(3) 系统性污染防治不力。园区污染物防治属于系统性工程，涉及废水、大气、（危险）固体废弃物处理等多项内容，部分园区污染防治方案和园区企业接管标准等缺乏科学认证或专业认证深度，存在先天性缺陷。例如，对废水水质的复杂性和波动性调研或判断不足，仅凭借过往经验进行设计；新型环保技术和处置设施的适用性以及应急系统的服务能力不明确，缺乏成熟的技术方案作为支撑；污水分流分质模糊，排污管道布局缺乏规划，污染物处理及资源再利用效果欠佳。此外，现阶段园区普遍以水污染防治为主，针对废气、（危险）固体废弃物、土壤、地下水的防治和监管相对薄弱，且配套自动监测或在线监控系统尚未完全覆盖，不利于及时识别环境风险。

(4) 管理服务能力不足。在统一化运营管理过程中，部分电镀园区或管理体制存在缺陷，无法满足园区规划建设、招商引资、项目落地推进等要求；或服务意识不强，缺乏系统化、全链条、整体性审批的服务体系，严重限制了园区的创优发展和效益提升。例如，在园区规划及规划环评超过年限或实施过程与原规划不吻合的情况下，环境影响跟踪评价或重新规划环评相对滞后；涉企审批方面，交叉管理、多头管理、重复审批、优惠政策难落实等问题依然存在；针对固体废物（含危险废物）的处理，多以企业自行暂存、委外处置为主,对园区内自行建设固废收纳、贮存、处理处置设施的支撑力度相对薄弱。

1.3　电镀行业管理体系

1.3.1　政府管理

1. 环保政策法规及标准引导

我国从 1972 年开始重视对电镀"三废"的治理。改革开放初期,由于电镀工业规模的扩大,我国对电镀污染的防治工作开始从讨论、小试进入实际运行阶段,污染防治设施与生产设施同时建设的理念也逐渐形成。随着环境保护相关法律法规的不断完善,电镀污染防治工作重点由铬、氰等单项污染物的针对性防治转变为各类污染物的全面治理。

1979 年,《中华人民共和国环境保护法》开始实施。随着电镀废水相关处理技术在全国范围内的推广应用,这一阶段的电镀"三废"治理工作主要围绕电镀废水处理展开。

进入 20 世纪 90 年代,由于公众对环境问题的高度关注,电镀环境污染治理从只关注废水治理向废水、废气和固体废弃物同步治理发展。1995 年,国家颁布《中华人民共和国固体废物污染环境防治法》《中华人民共和国大气污染防治法》《中华人民共和国水污染防治法》以及其他多项环境法规和环境标准,进一步规范电镀"三废"治理,电镀废水综合治理和分类排放措施、无排放技术以及电镀废弃物回收利用理念陆续被提出。

进入 21 世纪后,电镀行业面临新的环境保护压力。2002 年 7 月,《危险废物贮存污染控制标准》、《一般工业固体废物贮存、处置场污染控制标准》开始正式实施。2005 年,国家实行污染源在线自动检测制度,建立在线监控平台,要求所有排污企业配置自动检测系统并与环境保护机构联网,通过安装视频监控设备,远程监控电镀废水的 pH、化学需氧量(ChemTcal Oxygen Demand,COD)、镍离子和六价铬离子浓度。

2008 年 6 月,《中华人民共和国水污染防治法》开始实施。同年,国家环保部出台《电镀污染物排放标准》(GB 21900—2008),以取代《污水综合排放标准》(GB 8978—1996)。该标准不仅对重金属污染物排放作出新规,而且更加严格地限制了电镀行业废水中化学需氧量、六价铬、总镍、总铜、总镉、氨氮等多个指标。另外,首次在国家排放标准中对环境容量较低的敏感区域规定了水污染物特别排放限值。

2010 年,环境保护部制定了《电镀废水治理工程技术规范》(HJ 2002—2010),并于 2011 年 3 月 1 日起实施。该标准涵盖电镀废水治理工程设计、施工、验收和运行的技术要求,适用于电镀废水治理工程的技术方案选择、工程设计、施工、验收、运行等的全过程管理和已建电镀废水治理工程的运行管理,可作为环境影响评价、环境保护设施设计与施工、建设项目竣工环境保护验收及建成后运行与管理的技术依据。

为进一步提高电镀行业准入门槛,严格限制重金属排放指标,国家工业和信息化部根据国家《重金属污染综合防治"十二五"规划》,于 2015 年出台《电镀行业规范条件》(2015 年第 64 号公告),分别对产业布局、规模工艺和装备、资源消耗、环境保护、安全职业卫生、电镀集中区、监督管理等方面提出了详细的要求,旨在加快电镀行业结构调整,提高产业水平,推动节能减排,控制重金属污染,实现可持续发展。然而,工业和信息化部 2019 年 9 月 24 日发布的《机械行业规范条件管理相关废止文件公告》(2019 年第

37 号公告）中废止了包括《电镀行业规范条件》在内的 6 个行业规范条件相关管理文件。

2. 清洁生产的推行与实践

清洁生产是全新的环境保护战略，其从生态、经济两大体系的整体优化出发，实现环境影响、资源利用、管理模式及经济增长的和谐统一。1989 年，联合国环境署工业与环境规划活动中心（UNEP IE/PAC）首次提出"清洁生产"（Cleaner Production）概念并制定《清洁生产计划》，旨在引导不断改进设计，使用清洁的能源和原料，采用先进的工艺技术与设备、改善管理、综合利用等措施，从源头削减污染，提高资源利用率，减少或避免生产、服务和产品使用过程中污染物的产生和排放，以减轻或者消除对人类健康和环境的危害。

1992 年，我国积极响应联合国环境与发展大会可持续发展战略和《21 世纪议程》倡导的清洁生产号召，将推行清洁生产理念列入《环境与发展十大对策》，并于 1993 年 10 月在第二次全国工业污染防治工作会议上进一步明确了清洁生产在我国工业污染防治中的重要地位，即工业污染防治必须从单纯的末端治理（如空气、废水及固体废物处理等污染控制）向对生产全过程的控制转变，实现清洁生产。

1994 年，国务院颁布了适用于我国国情的清洁生产和可持续发展计划——《中国 21 世纪议程》，并建立了国家清洁生产中心，由此，"推动清洁生产"成为我国可持续发展优先实施的重点领域。

2002 年 6 月，第九届全国人民代表大会常务委员会第二十八次会议审议通过了《中华人民共和国清洁生产促进法》（以下称《清洁生产促进法》）。国家环保局将电镀、啤酒、造纸三大行业作为推行清洁生产审核试点行业。同年 9 月，在"北京电镀行业清洁生产研讨会"上，全国 24 个省市电镀协会/表面工程协会参会代表在《国际清洁生产宣言》上签字，标志着我国电镀行业开始进入清洁生产的崭新阶段。

2003 年 1 月 1 日起，《清洁生产促进法》正式实施，标志着清洁生产纳入法治化轨道。为深入贯彻实施《清洁生产促进法》，2004 年 8 月，国家发展和改革委、国家环境保护总局联合发布《清洁生产审核暂行办法》，财政部出台《中央补助地方清洁生产专项资金使用办法》，同时，各省（市、区）也根据实际情况制定并下发各项推行清洁生产的配套政策法规和实施方法，如"推行清洁生产的实施意见""清洁生产审核实施细则""清洁生产企业验收方法"等，以使清洁生产的执行更加具体化、规范化和法治化。

针对电镀行业，2005 年 6 月 2 日，国家发展和改革委、环境保护总局推出《电镀行业清洁生产评价指标体系（试行）》。同年，国家环境保护总局公布了《重点企业清洁生产审核程序的规定》，并于 2007 年 2 月 1 日起正式实施《清洁生产标准 电镀行业》（HJ/T 314—2006），该标准具体指明了电镀行业企业清洁生产水平的判定标准及审核目标、审核重点的依据，为电镀企业开展清洁生产提供了技术支持和发展方向。

为进一步形成统一、系统、规范的电镀行业清洁生产技术支撑文件体系，国家发展和改革委员会、环境保护部、工业和信息化部联合整合修编了《电镀行业清洁生产评价指标体系》（2015 年第 25 号），并于 2015 年 10 月 28 日发布实施。同时，停止施行国家发展改革委 2005 年发布的《电镀行业清洁生产评价指标体系（试行）》和环境保护部发布的《清洁生产标准 电镀行业》（HJ/T 314—2006）。

历经 20 余年的发展，我国清洁生产已基本建立并形成了一套比较完善的、自上而下的清洁生产政策法规体系。例如，环境保护部陆续颁发的 58 个清洁生产行业标准，以及国家发展和改革委先后发布的 30 项重点行业清洁生产评价指标体系，均为电镀行业清洁生产工作的全面开展提供了政策支持和法律保障。

3. 排污许可制的实施

排污许可证制度的实施旨在加强对污染源的监督管理，规范排污许可行为，实现污染物总量控制和减排。自 20 世纪 80 年代中期起，国内一些城市如天津、苏州、扬州、厦门等环保部门开始探索从国外引入排污许可证环境管理制度。1988 年 3 月，国家环境保护总局发布《水污染物排放许可证管理暂行办法》。1989 年 7 月，《水污染防治法实施细则》正式实施。此后，云南、贵州、辽宁、上海、江苏陆续在地方法规（环保条例）中规定对所有排放污染物的单位实行许可证管理。

2000 年 3 月，国务院对《水污染防治实施细则》进行修订，规定地方环保部门根据总量控制实施方案，发放水污染排放许可证。

2015 年 9 月，中共中央、国务院通过《生态文明体制改革总体方案》，从改革高度提出明确要求，"完善污染物排放许可制，尽快在全国范围建立统一公平、覆盖所有固定污染源的企业排放许可制，依法核发排污许可制，排污者必须持证排污，禁止无证排污或不按许可证规定排污"。

2016 年 11 月，以国务院办公厅发布的《控制污染物排放许可制实施方案》（国办发〔2016〕81 号）为标志，我国正式全面启动排污许可制改革，即通过"环评管准入、许可管排污、执法管落实"的单一流程管理模式，推动相关制度的衔接，实现精简高效的管理。其在注重现有环境管理制度整合，减少企业多头管理压力的同时，强调企业环境保护主体责任的落实，促进企业逐步实现产业升级改造，提高环境管理效能。

电镀行业于 2017 年开始实施排污许可管理，属于排污许可证申请与核发的首批行业。为指导和规范电镀工业排污单位排污许可证的申请与核发，2017 年，《排污许可证申请与核发技术规范 电镀工业》（HJ 855—2017）正式实施，该标准适用于电镀工业企业、具有电镀工序的企业以及专门处理电镀废水的集中式污水处理厂 3 类电镀企业，共分为 10 个部分，涵盖排污单位基本情况填报要求、产排污环节对应排放口及许可排放限值确定方法、污染防治可行技术及运行管理要求、自行监测管理要求、环境管理台账与执行报告编制要求、实际排放量核算方法以及合规判定方法等内容。在指导和规范电镀污染源源强核算、电镀工业排污单位以及专门处理电镀废水的集中式污水处理厂自行监测工作方面，生态环境部制定了《污染源源强核算技术指南 电镀》（HJ 984—2018）和《排污单位自行监测技术指南 电镀工业》（HJ 985—2018），并分别于 2019 年 1 月 1 日和 3 月 1 日起实施。

1.3.2　园区管理

电镀工业园区这一概念是基于循环经济理念和系统创新理论所提出的，因此不再局限于现有电镀企业的简单集中和位置平移，而是需要根据电镀行业产排污特点，集电镀与环保等多方技术优势，通过高起点规划、高标准建设和高效率管理，建设现代绿色电镀企业集中发展的示范区，以满足日益增长的优美生态环境需求。

1. 执行准入门槛制度，实行集中统一管理

严格按照环保要求及管理标准执行准入门槛制度，规定入园企业注册资本和投资强

度，以确保园区内企业质量和层次；加强企业入园审查，要求入驻电镀企业同时具备合法性、规范性、服从性三要素。①合法性，即入驻企业必须是目前工商部门登记在册、经环保部门审批、具有经营电镀业务资质的企业；②规范性，即入驻企业生产过程必须符合行业规范，提倡采用符合清洁生产要求的先进生产工艺和设备，生产过程中的"三废"处置，尤其是废水处理，必须符合环保部门的规定；③服从性，即入驻企业服从园区统一规划、统一建设、统一运营的管理模式。

2. 建立完善长效机制，明确各方权责义务

建立园区 ISO 14001 管理体系，配备专门的环保、安保和物管团队，在生产运行管理、危化用品监管、"三废"环境目标治理和监管、环保责任分段管理、清洁生产审核、排污许可证等方面形成较为完备的制度；成立园区业主大会和业主委员会，制定工业园区业主大会章程，与企业共同参与园区建设管理，讨论决定包括园区废水总管网改进、环境基础设施建设资金筹措、环保工程招投标、污水收费定价等在内的重大事项。

3. 强化园区监督管理，促进产业健康发展

以实现所有入园企业达标排污为目标，建设电镀企业废水源头在线监控系统，加大监察监测力度和环保整治力度，加快落实落后电镀企业的技术工艺整改，实施强制性清洁生产审核和排污许可证制度，从源头减少电镀污染物排放量。同时，对采用清洁生产新技术的电镀企业进行财政补贴，降低企业生产成本，增强企业创新发展动力和市场竞争力；全力支持企业资源整合，推进企业兼并重组，促使企业做大做强，加快产业健康发展。

1.3.3 行业协会

为解决电镀行业发展问题，加强行业管理，推动其可持续发展，机械工业工艺专业化调整领导小组于 1984 年 10 月组织成立中国电镀协会。该协会是国家经贸委（现为国家商务部）领导下的打破部门界限的行业技术经济组织，其主要职能和任务是按照国家经济委员会、机械工业委员会《关于机械工业工艺专业化当前工作的几点意见》和《关于机械工业工艺专业化若干规定》相关要求，协助有关部门并帮助电镀企业，提高电镀技术水平、产品质量及专业化水平，加强生产管理、经济管理和"三废"治理。为了有效履行行业协会职能，三十多年来，围绕电镀行业的发展需求，中国电镀协会在正确处理与政府相关部门、地方协会、电镀企业、下属工作委员会、顾问委员会及青年委员会之间关系的基础上，调动各方积极因素，开展了诸多卓有成效的工作。

1. 开展行业调查，提供决策依据

组织电镀行业开展调查，如电镀厂点数量、企业生产与发展状况、项目或技术引进情况、污染治理设备、含氟污染物（PFOS）应用、电镀污染物及其污染转移、物资消耗情况等，并在此基础上提出合理化建议，为国家有关部门决策制定提供依据。其中，影响颇深的调查包括：1981 年全国 41 个城市电镀厂点调查，1984～1985 年武汉、苏州、无锡 3 个城市乡镇电镀厂全面调查，1987 年初京津冀电镀污染转移、河北乡镇电镀厂盲目发展情况调查，2008 年全国电镀行业应用含氟污染物情况调查等。

2. 起草行业规划，制定行业标准

在机械工业工艺专业化调整办公室和中国机械工业工艺协会的指导下，中国电镀协会先后完成了电镀行业"六五""七五""八五"规划起草任务，并协助中国表面工程协会起

草表面工程行业"九五"规划，为国家相关部门制定行业政策，确定投资导向，指导行业发展提供了依据或参考意见。同时，积极承担国家有关部门委托的行业标准和政策文件编写任务并参与多项征求意见、评审、编译和论证工作，为促进清洁生产，推进节能减排奠定了重要工作基础。

3. 开展职业培训，提高职工素质

中国电镀协会通过设立教育培训工作委员会，编写了多部电镀相关教材和行业参考工具书，如《电化学基础》、《电镀工艺学》、《实用电镀技术系列丛书》（9个分册）、《覆盖层标准应用手册》、《电镀手册》（第2版）、《电镀化学基础》、《表面工程手册》、《电镀锌与锌合金》、《电镀工艺学》、《现代实用电镀技术》、《电镀丛书》、《中国电镀行业环境保护的现状与可持续发展》等。同时，针对电镀行业不同发展阶段的实际需要，组织多层次、多形式的职业教育和职业培训。例如，组织成立"清洁生产指导工作委员会"，积极开展清洁生产活动的指导工作，并开办清洁生产培训班、清洁生产审核师培训班等，为进一步提高电镀技术人员专业水平、推广电镀生产新技术应用、开展重金属污染综合防治工作提供了有力支持。

4. 加强信息推广，组织技术交流

从期刊创办、平面媒体和网站建设等多渠道宣传国家相关政策法规，报道行业信息与协会动态，介绍国内外新技术、新工艺、新材料、新设备，形成了电镀信息与表面处理信息多层次、多途径交流的局面。同时，通过举办多项电镀行业学术会议及设备材料展示活动，如"全国电镀与精饰学术年会""环渤海表面精饰发展论坛""广州国际表面处理展"以及其他专业技术交流活动等，为了解全球行业发展形势、开展国际行业技术交流和磋商、引进国外先进技术、推进中国电镀优化升级提供了平台。

第 2 章 电镀废水处理现状

2.1 电镀废水处理发展历程

我国电镀废水年均排放总量高达 40 亿 m^3，约占工业废水总量的 20%，其中多半未达到国家规定的排放标准。电镀废水处理过程中酸、碱、氰化物及重金属等多类物质的释放，不但容易引发土壤及水环境污染，而且可通过食物链对生态圈产生潜在危害。加强电镀废水处理，有助于保障水生态环境安全，促进水资源良性循环，缓解水资源匮乏现状。

20 世纪 50 年代末是我国电镀废水治理的起步阶段，该阶段以单纯的有毒废水治理为主，主要通过引进如漂白粉法、硫酸亚铁—石灰法、自然中和稀释法等技术处理含氰废水、含铬废水和酸碱废水。

20 世纪 60 年代后期，离子交换法、电解法、二氧化硫还原法、钡盐沉淀法等技术获得应用。与此同时，还开展了微氰、低氰、中铬和低铬等电镀工艺研究，从源头消除或减轻废水污染。

20 世纪 70 年代，主要侧重于从工艺改进角度解决电镀废水污染问题。例如，利用喷淋清洗或多级逆流漂洗技术减少用水量，采用低浓度电镀工艺或微毒、低毒材料降低致毒性污染物浓度。在废水治理技术方面，蒸发浓缩法、反渗透、电渗析等工艺在全国范围内获得推广应用，废水和重金属回收技术迅速发展。

20 世纪 80~90 年代，多采用以防为主、源头治理的多元组合技术对废水进行处理，处理技术由以单一电解法和离子交换法为主逐步发展到化学法、逆流漂洗、槽边电解、离子交换、蒸发浓缩、铁氧体法等技术的综合运用。

20 世纪 90 年代至今，电镀废水治理由工艺改革、回收利用和闭路循环进一步向综合防治与总量控制方向发展，多元化组合处理与自动控制相结合的环境保护和资源回用技术成为电镀废水治理的发展主流。

2.2 电镀污染物排放标准

为进一步规范电镀企业污染物排放管理，引导电镀产业可持续健康发展，环境保护部于 2008 年 6 月颁布《电镀污染物排放标准》（GB 21900—2008），并于 2008 年 8 月 1 日开始实施。该标准适用于电镀企业建设项目的环境影响评价、环境保护设施设计、竣工环境保护验收及其投产后的水/大气污染物排放管理，同时也适用于阳极氧化表面处理工艺设施，其对污染物排放种类及浓度、监测位置及频次、采样时间及测试方法等均提出全面严格的要求。

该标准涵盖 20 项废水污染物指标，其中，车间或生产设施废水排放口监测指标 7 项（即一类污染物排放）：总铬、六价铬、总镍、总镉、总银、总铅、总汞；企业废水总排放口监测指标13项（即二类污染物排放）：总铜、总锌、总铁、pH、总铝、悬浮物、化学需氧量、氨氮、总氮、总磷、石油类、氟化物、总氰化物。同时，该标准以电镀镀件单位面积基准排水量作为控制项，大力推广清洁生产，力争从源头上控制减少废水产量。

在此标准中，水污染物排放限值被划分为3类：（1）现有企业自2009年1月1日至2010年6月30日执行表2.1规定的限值，此后执行表2.2规定的限值；（2）新建企业自2008年8月1日执行表2.2规定的限值；（3）根据环境保护工作的要求，国土开发密度较高、环境承载能力开始减弱，或环境容量较小、生态环境脆弱，容易发生严重环境污染问题而需要采取特别保护措施地区内的企业执行表2.3规定的限值。执行水污染物特别排放限制的地域范围和时间，由国务院环境保护行政主管部门或省级人民政府规定。

现有企业水污染物排放浓度限值　　　　　　　　　　　　　表2.1

序号	污染物	排放浓度限值	污染物排放监控位置
1	总铬（mg·L^{-1}）	1.5	车间或生产设施废水排放口
2	六价铬（mg·L^{-1}）	0.5	车间或生产设施废水排放口
3	总镍（mg·L^{-1}）	1.0	车间或生产设施废水排放口
4	总镉（mg·L^{-1}）	0.1	车间或生产设施废水排放口
5	总银（mg·L^{-1}）	0.5	车间或生产设施废水排放口
6	总铅（mg·L^{-1}）	1.0	车间或生产设施废水排放口
7	总汞（mg·L^{-1}）	0.05	车间或生产设施废水排放口
8	总铜（mg·L^{-1}）	1.0	企业废水总排放口
9	总锌（mg·L^{-1}）	2.0	企业废水总排放口
10	总铁（mg·L^{-1}）	5.0	企业废水总排放口
11	总铝（mg·L^{-1}）	5.0	企业废水总排放口
12	pH	6～9	企业废水总排放口
13	悬浮物（mg·L^{-1}）	70	企业废水总排放口
14	化学需氧量（COD$_{Cr}$）（mg·L^{-1}）	100	企业废水总排放口
15	氨氮（mg·L^{-1}）	25	企业废水总排放口
16	总氮（mg·L^{-1}）	30	企业废水总排放口
17	总磷（mg·L^{-1}）	1.5	企业废水总排放口
18	石油类（mg·L^{-1}）	5.0	企业废水总排放口
19	氟化物（mg·L^{-1}）	10	企业废水总排放口
20	总氰化物（以CN$^-$计，mg·L^{-1}）	0.5	企业废水总排放口
单位产品基准排水量（L·m^{-2}镀件镀层）	多层镀	750	排水量计量位置与污染物排放监控位置一致

新建企业水污染物排放浓度限值　　　　　　　　　　　　　表2.2

序号	污染物	排放浓度限值	污染物排放监控位置
1	总铬（mg·L^{-1}）	1.0	车间或生产设施废水排放口
2	六价铬（mg·L^{-1}）	0.2	车间或生产设施废水排放口

序号	污染物	排放浓度限值	污染物排放监控位置
3	总镍(mg·L^{-1})	0.5	车间或生产设施废水排放口
4	总镉(mg·L^{-1})	0.05	车间或生产设施废水排放口
5	总银(mg·L^{-1})	0.3	车间或生产设施废水排放口
6	总铅(mg·L^{-1})	0.2	车间或生产设施废水排放口
7	总汞(mg·L^{-1})	0.01	车间或生产设施废水排放口
8	总铜(mg·L^{-1})	0.5	企业废水总排放口
9	总锌(mg·L^{-1})	1.5	企业废水总排放口
10	总铁(mg·L^{-1})	3.0	企业废水总排放口
11	总铝(mg·L^{-1})	3.0	企业废水总排放口
12	pH	6～9	企业废水总排放口
13	悬浮物(mg·L^{-1})	50	企业废水总排放口
14	化学需氧量(COD$_{Cr}$)(mg·L^{-1})	80	企业废水总排放口
15	氨氮(mg·L^{-1})	15	企业废水总排放口
16	总氮(mg·L^{-1})	20	企业废水总排放口
17	总磷(mg·L^{-1})	1.0	企业废水总排放口
18	石油类(mg·L^{-1})	3.0	企业废水总排放口
19	氟化物(mg·L^{-1})	10	企业废水总排放口
20	总氰化物(以 CN$^-$ 计,mg·L^{-1})	0.3	企业废水总排放口
单位产品基准排水量 (L·m^{-2}镀件镀层)	多层镀	750	排水量计量位置与污染物排放监控位置一致

水污染物特别排放限值   表 2.3

序号	污染物	排放浓度限值	污染物排放监控位置
1	总铬(mg·L^{-1})	0.5	车间或生产设施废水排放口
2	六价铬(mg·L^{-1})	0.1	车间或生产设施废水排放口
3	总镍(mg·L^{-1})	0.1	车间或生产设施废水排放口
4	总镉(mg·L^{-1})	0.01	车间或生产设施废水排放口
5	总银(mg·L^{-1})	0.1	车间或生产设施废水排放口
6	总铅(mg·L^{-1})	0.1	车间或生产设施废水排放口
7	总汞(mg·L^{-1})	0.005	车间或生产设施废水排放口
8	总铜(mg·L^{-1})	0.3	企业废水总排放口
9	总锌(mg·L^{-1})	1.0	企业废水总排放口
10	总铁(mg·L^{-1})	2.0	企业废水总排放口
11	总铝(mg·L^{-1})	2.0	企业废水总排放口
12	pH	6～9	企业废水总排放口
13	悬浮物(mg·L^{-1})	30	企业废水总排放口

序号	污染物	排放浓度限值	污染物排放监控位置
14	化学需氧量（COD_{Cr}）（$mg \cdot L^{-1}$）	50	企业废水总排放口
15	氨氮（$mg \cdot L^{-1}$）	8	企业废水总排放口
16	总氮（$mg \cdot L^{-1}$）	15	企业废水总排放口
17	总磷（$mg \cdot L^{-1}$）	0.5	企业废水总排放口
18	石油类（$mg \cdot L^{-1}$）	2.0	企业废水总排放口
19	氟化物（$mg \cdot L^{-1}$）	10	企业废水总排放口
20	总氰化物（以 CN^- 计，$mg \cdot L^{-1}$）	0.2	企业废水总排放口
单位产品基准排水量（$L \cdot m^{-2}$镀件镀层）	多层镀	250	排水量计量位置与污染物排放监控位置一致

2.3 电镀废水处理存在问题

2.3.1 现行排放标准的合理性

现行电镀污染物"特别限值排放标准"中，易超标指标项主要涵盖总镍、总铜、总锌、六价铬、总铬、化学需氧量、氨氮、总磷、总氰化物9项，其中，以总镍、总铜、化学需氧量、总氮、氨氮和总磷等最为普遍。对比国外污染物排放限值，国内各项指标均严于发达国家，尤其是镍、镉、铅等金属的排放限值（表2.4）。苛刻的标准设置对电镀产业生产工艺、工业废水治理技术和环保督察部门执法管理均提出了严峻的挑战，其科学性存在质疑。部分学者甚至建议在不同地区地表水污染物背景数据和排放容量的基础上，结合工业污水处理技术、设备水平、监测设备和检测能力以及电镀企业经济承受能力，按照技术可行性、经济可行性和可执行性的原则，制定适宜性标准准则，以解决电镀废水排放问题。

GB 21900—2008 与其他发达国家相关标准中金属污染物排放限值的比较（单位：$mg \cdot L^{-1}$）

表2.4

污染物	美国*	比利时	法国	德国	英国	意大利	荷兰	西班牙	GB 21900—2008	
									新建设施	特别限制
总铬	15.5	5.0	0.2	0.5	2.0	2.0	0.5	3.0	1.0	0.5
六价铬		0.5	0.1	0.1		0.2	0.1	0.5	0.2	0.1
镍	3.95	3.0	5.0	0.5	2.0	2.0	0.5	5.0	0.5	0.1
镉	0.474	0.6	0.2	0.2	0.2	0.02	0.2	0.5	0.05	0.01
银	0.12	0.1		0.1			0.1		0.3	0.1
铅	1.32	1.0	1.0	0.5		0.2		1.0	0.2	0.1
汞	0.00234		0.1			0.005	0.05	0.1	0.01	0.005
铜	4.14	4.0	2.0	0.5	2.0	0.1	0.5	3.0	0.5	0.3
锌	2.87	7.0	5.0	2.0	5.0	0.5	0.5	10	1.5	1.0
铁		20.0	5.0	3.0		2.0		5	3.0	2.0
铝		10.0	5.0	3.0		1.0		20	3.0	2.0

注：基于目前美国40 CFR 437法规中最佳可行控制技术（BPT）的日最高值进行修正。

对现行标准要求在车间或生产设施排放口设置排放限值的控制具有争议性。设置"车间或生产设施废水排放口"监测点位的根本目的在于防止稀释排放，这或许对独立运行的电镀企业是适合的，但对废水集中处理的电镀园区而言显然缺乏合理性。一般来讲，园区车间或生产设施废水排放口的出水并非直接排放，仍需进一步处理或实现部分循环再利用。控制出水中污染物排放限值，不仅增加了额外的资金投入和管理成本，而且不利于生产过程中水的循环利用，制约了废水处理工艺的创新。

针对污染物排放限值的检测，以总镍为例，推荐采用《水质 镍的测定 丁二酮肟分光光度法》（GB 11910—1989）或《水质 镍的测定 火焰原子吸收分光光度法》（GB 11912—1989）中的方法进行测定，然而其检测下限（一般分别为 0.25 mg·L^{-1} 和 0.2 mg·L^{-1}）无法满足特别排放限值的要求。通过电感耦合等离子体质谱法和电感耦合等离子体发射光谱法虽然可以检测，但仪器配备或检测费用并非绝大多数废水处理厂和环保检测站所能承受。

2.3.2 电镀废水水质的复杂性

1. 难降解污染物多，高标准排放难度大

电镀废水中含有大量无机/有机配位剂（如氰化物、柠檬酸等），其可以提供孤对电子，通过配位作用与重金属离子生成重金属络合物。与游离态重金属相比，重金属络合物具有更强的水溶性、迁移性和稳定性，因此，难以通过常规加碱沉淀或化学氧化（如次氯酸钠）的方式实现重金属的达标处理。一般而言，含重金属络合物废水的处理难度主要取决于重金属与配位剂之间的络合稳定常数，相对镍—柠檬酸配合物（10～14.3）和镍—EDTA（10～18.6）而言，镍—氰配合物的络合稳定常数较高（10～30.3），在实际工程中应尽量避免含镍废水与含氰废水互混，以防增加废水的处理难度，造成镍和氰化物污染超标。

除此之外，电镀前处理废水中酯类物质、电镀工序中各种添加剂以及电镀后处理过程使用的助剂等有机污染因子的可生化性相对较差，难以通过常规单一的 A/O（厌氧/好氧）、A^2/O（厌氧/缺氧/好氧）等生化工艺进行处理，其与过量还原剂形成的假性 COD 叠加使得出水中 COD 大幅升高。另外，部分电镀生产过程仍然涉及国家违禁品的使用，进一步增加了废水处理难度。例如，在破络过程中，投加全氟辛烷磺酸及其盐类抑雾剂容易加重膜系统堵塞，影响系统处理效果；在前处理、抛光、退镀工艺中，使用茶籽粉和防染盐不利于传统生化降解，容易导致水体发黄发臭、有机物和氮磷等指标超标。

2. 污染因子种类繁多，分类分质不到位

电镀企业同一车间内往往存在不同镀种，即使是同一镀种，以镀铜为例，又分为镀碱铜（氰化镀铜）、焦磷酸盐镀铜、镀酸铜等多种工艺。因企业类型、产品用途及客户需求的不同，电镀施镀过程使用的化学试剂千差万别，以至于电镀废水污染因子种类繁多，水质成分复杂。尽管目前电镀企业普遍实行废水分类收集、分质处理实施方案，但因分类收集不够合理、具体，造成多种电镀废水共混，进而影响原有处理工艺和设备高效运行、出水水质无法满足标准排放要求的现象普遍存在。在实际操作管理中，如若存在企业生产监管制度不完善、操作人员不规范操作或误操作等现象，混排情况则更为严重。

2.3.3 单一处理技术的局限性

现有废水处理技术如化学沉淀法、离子交换法、反渗透法等在应对电镀废水复杂水质

时仍存在诸多弊端。以化学沉淀法为例，根据溶度积平衡常数原则，增加溶液碱度虽然可以进一步降低 Ni^{2+} 浓度，但受重金属—有机物络合效应、化学反应的极限浓度、共存金属沉淀物返溶、处理成本等因素影响，在实际操作中化学沉淀法难以满足 Ni^{2+} 特别限值排放。利用离子交换法进行深度处理时，离子交换树脂以氢离子洗脱，钠离子转型，低浓度 Ni^{2+} 易在大量 Na^+ "隐蔽"和"挟持"作用下通过树脂层，导致离子交换工艺失效。而针对反渗透法，按产水率 70% 设计，为保障 RO 膜正常运行，需对原废水中钙、铁、铝等离子进行预处理，以满足进水盐分浓度低于 $1000\ mg \cdot L^{-1}$，COD 浓度低于 $100\ mg \cdot L^{-1}$ 的严苛要求。

此外，化学反应精准控制是保障废水处理效果的重要因素，其往往依赖于：①高精度检测手段在线实时反馈反应参数；②结构合理化学反应器内搅拌效果和反应时间；③根据检测数据和预设的控制终点准确加药；④与化学反应投加量相适应的加药装置。然而，截至目前，不少企业仍以 pH 试纸或经验作为检测手段，粗放投药，难免引起化学反应失控，废水水质严重超标。

2.3.4　电镀废水回用的低效性

现阶段国内电镀园区多以离子交换为预处理保障工艺，在确保满足达标限值的同时回收重金属，其出水依次经生化处理、活性炭吸附、超滤、反渗透等工艺后实现回用，回用比例一般仅为 30%～50%。由于回用水中特征污染物的浓度和电导率相对较高，因此难以返至生产工序进行重复利用，故一般用于绿化灌溉、冲洗地面等。

2.3.5　废水处理监管的有限性

针对电镀废水的处理，现阶段更多侧重于重金属污染物的去除，企业自测和环保部门监督性监测也多以重金属污染物为主，非金属污染物的监测频次相对较低，自我管理和外部监管的放松严重影响了非金属类污染物的达标稳定性。此外，由于园区内不同电镀企业的相同类型废水共用一条管道收集运输，而且大多都埋于地下，因此，在发生废水泄漏或出现污染物浓度偏高的情况时，难以通过有效的监控手段划分责任。

2.4　电镀废水处理综合防治

以"减量化、资源化、无害化"为目标，遵循"源头削减、过程控制、精细管理、高效治污、资源回收"的原则，通过开展电镀清洁生产技术改造，强化电镀生产过程控制和科学管理，研究和推广废水处理多元化集成技术，进而实现闭路循环及资源回收利用，是未来电镀废水综合防治的发展方向。

2.4.1　改革电镀工艺，实现源头污染减量

从调整产业结构、整合利用资源、强化供应链管控、淘汰落后工艺技术等方面加强顶层设计，制定电镀产业清洁生产发展规划和实施方案。参照《电镀行业清洁生产评价指标体系》和相关实施细则，统筹兼顾电镀生产端镀层质量要求和环境治理端化学品物化可处理性和生化可降解性，推广应用替代性清洁生产工艺，促进中低费方案的落实，逐步实现

节能、降耗、减污和增效。例如，采用无毒无害、低毒低害或低浓度表面处理工艺（包括低氰、无氰、无铬、低铬、代铅、代镍、代镉、无氨、无磷等电镀工艺，以及电泳、机械镀、热喷涂、真空蒸发镀、离子镀或达克罗环保型涂层涂覆技术等），从源头削减污染，降低生产过程中污染物的环境影响；开展激光熔覆技术产业化应用示范，解决三价铬镀铬技术生产过程控制简化、无氰预镀铜技术镀层性能强化、激光熔覆技术成本削减等问题；采用以逆流漂洗为基本手段的各种组合工艺，如逆流清洗-蒸发浓缩、逆流清洗-离子交换、逆流清洗-反渗透、逆流清洗-化学处理等，并配备喷淋或喷雾水洗等节水装置和槽边水回收装置，在对金属金、银、镍、铬、铜进行槽边回收的同时，节省漂洗水量，减轻末端废水处理压力；对手工线和半自动电镀线实施自动化改造，提高电镀生产机械化、自动化程度，通过控制电压、温度等影响因素优化工艺操作，避免电镀槽液跑、冒、滴、漏现象的发生；科学装挂镀件、加装导流板，延缓镀件出槽时间，并设置镀液回收槽，以减少电镀过程中镀件带出液量，提高镀液有效利用率。

同时，根据《产业结构调整指导目录》（2011 年版，2013 年修正）和《电镀行业规范条件》，强制淘汰技术落后、污染严重的工艺、装备和产品。例如，含氰沉锌，氰化电镀工艺（氰化金钾电镀金及氰化亚金钾镀金），镀层在铬酸酐质量浓度为 $150\ \mathrm{g \cdot L^{-1}}$ 以上的钝化液中钝化的工艺，在生产过程产生和排放含有汞元素的蒸气或废水的工艺或产品，加工过程中使用和排放废水中含有镉元素的用于民品生产的工艺和产品（船舶及弹性零件除外），加工过程中使用和排放废水中含有铅元素的用于电子和微电子电镀生产的工艺和产品（国家特殊项目除外），仅有一个且无喷淋、镀液回收等措施的普通清洗槽以及砖混凝土结构槽体等。

2.4.2 加强科学管理，提高综合运营水平

在运行管理制度方面，结合电镀园区自身条件和发展规划，将污染治理工作纳入企业的生产管理计划，进一步完善减少污染的工艺技术措施和废水处理措施，以及设备维修规程等规章制度，保证防治污染技术措施的执行和电镀废水处理设施正常运转，为电镀废水综合防治管理创造必要条件。

在环境污染监管方面，配套先进、完善的电镀废水分类集中处理设施和在线检测、监控系统，对园区电镀企业实行废水集中治理、废气集中监控、废渣集中管控，杜绝混排、偷排、超排等行为的发生，确保污染物达标排放。同时，成立污染物理化分析中心，完善相应仪器设备配备，强化废气、废水排放过程主要污染物的自行监测能力和数据分析能力，建立污染物排放指标的监测信息台账制度，为评估环保设施运转效能、优化环保设施运营管理提供全面支持。

在风险管控方面，加强源头分水、收集系统的在线监控能力和收集系统事故应急能力建设，合理设置治理端工艺事故应急池、初雨收集池和消防排水收集池等设施，同时，制定环境污染事故应急预案，配备应急物资，并定期开展园区内应急演练工作，健全跨部门、跨区域环境应急协调联动机制，提高全过程风险综合管控能力。

在数字化管理方面，实施环保生产管理、设备工艺管理、能源管理、在线监控、水质检测分析等系统信息化平台建设，利用平台大数据创新优化管理和生产运营，逐步实现入园企业、物流、安防、商务、结算、污染防治管理、废弃物处置等信息集成化服务，进一

步加强园区精细化管理，包括定期检测镀液质量或配备镀液自动检测与控制装置，了解电镀溶液成分的变化、镀层的厚度等基础信息；积极开展生产考核，提高电镀产品合格率；加强企业生产管理及排污管理，严格管控电镀污泥、废电镀液、废酸碱等危险废弃物，减少过程不利影响。

围绕环保政策发展方向，开展生态环保、清洁生产、节能减排系列法律、政策与技术专题讲座和交流会；加强多元化专业技能培训力度，不断提高园区工作人员的环保意识、专业知识及实践技能，为废水处理系统的稳定运行提供强有力的保障。

2.4.3　优化废水处理，加强技术集成应用

目前，不少电镀企业难以实现电镀废水的稳定达标排放，亟待进行提标改造。根据废水水质特点和实际情况，在对投资成本进行控制的情况下，注重整体处理工艺的设计和优化，是确保废水处理全因子高效稳定达标的关键。

针对电镀废水的处理设计，坚持以传统处理工艺为主，辅以新型成熟保障性处理工艺（如树脂吸附、电化学）的原则，特别慎用或坚决弃用不成熟或处于试验阶段的工艺。同时，水处理工艺或设施应预留一定的应对水质变化的操作空间，避免因电镀技术发展和生产原料变化，导致污染物性质和废水水质发生改变。由于电镀废水种类繁多，针对性处理尤为重要，在电镀车间工艺全自动、设施全封闭、设备全架空、废水全分流的基础上，强化物化处理（如提高治污环节自动化控制水平，完善自控系统和加药系统，实现工艺参数的精准控制与精准加药）、提高络合物破络效果（如开发高效的络合物破络工艺与相关药剂）、完善生化系统（如充分发挥厌氧单元效能，提高废水的可生化性和生化系统对重金属的耐受能力，同时通过技术创新，探寻电镀废水碳源不足条件下生化工艺脱氮除磷功能等），是满足重金属、COD、总氮、总磷等高标准排放限值要求的保障。

电镀废水种类繁多，受行业和工艺差异的影响，单一的废水处理技术往往存在局限性，难以实现废水的高效高质处理。根据电镀废水的组成特性，按照系统工程原则，应用多元组合技术取长补短是电镀废水处理技术发展的必然趋势。传统的电镀重金属废水治理技术多数采用化学处理法、离子交换法、膜处理法，从目前的国内外发展动态来看，"物化处理＋生化处理＋深度处理"组合工艺辅以自动控制手段是现行电镀废水治理的主流技术。其中，物化处理（如化学沉淀、混凝沉淀、高级氧化技术等）侧重于重金属的完全去除和有机物的部分削减；生化处理旨在脱氮除磷，并深度去除有机物，如 A/O（缺氧/好氧）、A^2/O（厌氧/缺氧/好氧）、曝气生物滤池（BAF）等；深度处理如高级氧化技术、膜技术以及相关集成技术，则强调对残余污染物的进一步去除，以满足特别排放限值的要求或相关中水回用的条件。

2.4.4　推进技术创新，促进资源回收利用

电镀治污已进入清洁生产工艺、总量控制和循环经济整合阶段。坚持科技创新，转变传统治污模式，加强资源循环回用，是实现电镀废水闭路循环"微排放"或"近零排放"的关键途径。

在科技创新方面，通过改进电镀生产设备，优化生产流程，改进生产作业，可以从源头减少污染物排放量；通过引进先进的电镀生产自控设备，提高对电镀温度、热交换数

值、电镀时间、离子浓度等控制指标的准确度，从而提高电镀生产质量，减少因人为误差造成的污染；通过应用先进的污染治理设备，如离子交换设备、回收电解装置和废气净化装置等，有助于提高治污水平；通过采用自动控制技术，如 ORP 自动控制、pH 自动控制、计算机软件检测等对电镀过程中的某些特定指标进行精确控制，实时调整废水处理过程，可以保障污染物稳定达标排放。

在资源循环利用方面，统筹处理清洁生产和末端治理的关系，积极推广和发展资源循环利用技术，有利于实现闭路循环工序化的无排放处理。例如，针对逆流漂洗工艺产生的大量镀件清洗废水，在镀槽回收槽和清洗槽槽口两侧安装自动微量雾化水喷射装置，将回收槽中回收液适时返送至原镀槽中，同时补充因蒸发引起的微量水，可以实现镀件清洗废水的回用；在传统"逆流漂洗-离子交换-蒸发浓缩"和"逆流漂洗-离子交换或逆流漂洗-薄膜蒸发"工艺、电渗析技术、线边处理技术等基础上对镀件清洗废水进行处理，获得与原镀槽溶液成分相同的镀件清洗废水浓液及净化水，可以实现水、镀液离子和药剂的全部回收。

第3章 电镀废水水质分类、来源组成及水质特性

3.1 电镀工艺过程简介

电镀工艺过程一般包括镀前预处理、电镀过程和镀后处理三个工序。以镀锌白钝化为例，其具体工艺流程如图3.1所示。根据电镀产品质量要求，不同镀件和镀种的生产工艺在此基础上有所增减。

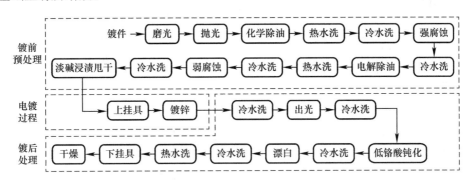

图 3.1　镀锌白钝化工艺流程示意图

1. 镀前预处理

实施高质电镀的关键是确保镀件材料表面与镀液之间获得良好的接触。生产实践表明，电镀产品镀层质量的优劣主要取决于基体材料的表面性质，尤其是抗腐蚀性、平整程度及与镀层间结合力等。镀前预处理是根据镀件材质、表面状况和处理要求，对待镀工件进行表面处理，以强化金属镀层与基体间的结合力，避免在外力冲击、冷热变化条件下镀层发生起皮、发花、斑点、多孔、鼓泡、开裂、脱落等不良现象。

金属基体的镀前预处理一般包括表面整平（如磨光、机械抛光、电抛光、滚光、振光、刷光、喷砂等）、除油脱脂（如有机溶剂除油、化学除油、电化学除油、超声波除油等）、浸蚀/弱浸蚀（除锈、去氧化皮/膜）等工艺。对于铝、锌、镁合金等活泼金属基体，需要增设预镀、预浸等处理环节，如闪镀铜、预镀中性镍等；而对于非金属基体，鉴于其材质的特殊性，还需要进行金属化处理，如喷涂导电胶、真空蒸镀金属层、化学镀、喷镀等。

2. 电镀过程

根据电镀产品要求和具体工艺规范，调整镀液组成和电镀参数（如电镀表面积、pH、阴阳极距离及面积、电流密度、反应温度等）是进行施镀的必要工作。以常规氯化物镀锌液组成及工艺规范为例（表3.1），一般而言，镀液主要包括主盐、导电盐、缓冲剂、络合剂、添加剂等成分。其中，主盐是指为满足镀层需求所提供的，以便在阴极表面实现金属沉积的金属盐，兼具导电盐作用；导电盐多以碱金属或碱土金属盐类（包括铵盐）为主，具有提高镀液电导能力、降低槽电压、扩大阴极电流密度范围等作用；缓冲剂一般由弱酸

组成，旨在控制电镀反应 pH 环境；络合剂可以与金属离子形成络合效应，有助于增强阴极极化，加速阳极化学溶解，促进镀层结晶细密化。添加剂如有机/无机光亮剂、润湿剂等，可以改善镀层结晶状态，提高电镀液的深镀能力和分散能力。

氯化物镀锌液的组成及工艺规范 表 3.1

镀液组成与工艺条件	配方				
	1	2	3	4	5
氯化锌 (ZnCl$_2$)(g·L^{-1})	60～70	60～80	70	60～100	60～90
氯化钾 (KCl)(g·L^{-1})	180～220	180～210	200	160～220	200～230
硼酸 (H$_3$BO$_3$)(g·L^{-1})	25～35	25～35	30	25～35	25～30
氯锌—1 或氯锌—2(mL·L^{-1})	14～18				
CKCL—92 (A)(mL·L^{-1})		10～16			
WD—91(mL·L^{-1})			20		
BZ—95A 或 DZ—6A(mL·L^{-1})				15～20	
CZ—99(mL·L^{-1})					14～18
pH	4.5～6	5～6	4.5～6.2	5～6.5	5～5.6
挂镀电压(V)	1～3	1～4	1～10	0.5～3.5	1～6
滚镀电压(V)	3～7				
温度(℃)	10～55	10～75	10～60	−5～65	5～55

3. 镀后处理

镀后处理包括清洗、出光、脱氢、钝化、干燥、防变色等工序，其作用是清除表面残液、消除镀层应力、提高耐蚀性和镀层亮度等理化性能。例如，采用 30～50 g·L^{-1} 硝酸浸渍 3～5 s，或 CrO$_3$ 100～150 g·L^{-1}、硫酸 3～4 g·L^{-1}，室温浸渍 5～10 s，以使镀层表面保持平整、光亮；采用铬酸 30～50 g·L^{-1}、磷酸 10～15 g·L^{-1}、硝酸 5～8 mL·L^{-1}、盐酸 5～8 mL·L^{-1}、硫酸 5～8 mL·L^{-1}，室温钝化 30～90 s，空气放置 30～60 s，以形成坚实致密的氧化膜，进而提高镀件的耐腐蚀性和抗污染性；在特定溶液中通过电化学、化学、热交换等方法在镀件表面着色，达到改变金属外观、装饰美化的目的。此外，针对镀层不合格的镀件，需要进行退镀处理，如采用氢氧化钠 75～90 g·L^{-1}、间硝基苯磺酸钠（防染盐 S）75～90 g·L^{-1}，在温度为 80～100 ℃范围内退除钢铁零件表面锡层。

3.2 电镀废水来源及组成

3.2.1 废水来源

电镀废水主要由镀件表面漂洗水、高浓度废弃液、镀液过滤冲洗水及其他混合废水等组成。

1. 镀件表面漂洗水

镀件表面漂洗水产自电镀生产线全流程多个工序段镀件表面漂洗环节，包括镀前除油/浸蚀漂洗废水、镀层漂洗废水、镀后钝化处理废水等，其废水产生量约占电镀车间废水排放总量的 80% 以上。受镀种类型、电镀工艺、漂洗方式（如"常流水"漂洗与逆流水漂洗）、槽液浓度、操作模式（手工操作与机械化或自动化生产线）、生产负荷、技术要求等因素影响，该类漂洗水排放量、污染物类型及浓度差异显著。

2. 高浓度废弃液

高浓度废弃液是电镀生产过程中因溶液错配或经多次循环使用后积累过多的有害物质及杂质，导致无法满足电镀工艺要求而形成的废弃液。该部分废液产生量少，但浓度高、成分复杂，在无法实现综合利用的情况下，通常采用专用贮槽收集，并以危险废物转移的方式委托有资质的单位对其进行处理。其主要包括碱性除油废液（通常含有 $20 \sim 60 \ \mathrm{g \cdot L^{-1}}$ NaOH、$20 \sim 40 \ \mathrm{g \cdot L^{-1}}$ Na_2CO_3、Na_3PO_4、Na_2SiO_3）、除锈/活化槽酸性废液（$100 \sim 200 \ \mathrm{g \cdot L^{-1}}$ H_2SO_4）、塑料电镀粗化液（$600 \ \mathrm{g \cdot L^{-1}}$ H_2SO_4、$250 \sim 350 \ \mathrm{g \cdot L^{-1}}$ CrO_3）、老化报废镀液（如重金属废液、络合物废液、含氰废液、废氟酸等）、镀槽排放残液、退镀废液和反渗透膜浓水等。

3. 镀液过滤冲洗水

为保证镀液性能和镀层质量，需要对镀液进行必要的过滤处理，以去除其中的灰尘、阳极泥渣、难溶性盐、氢氧化物、有机胶体及其他固体或絮凝状杂质。尤其对于光亮电镀或当采用压缩空气进行强烈搅拌时，更需进行过滤处理。镀液过滤后，因冲稀镀槽底部残留的高浓度、多杂质液体或泥渣，或清洗滤纸、滤布、滤芯和滤机等产生大量冲洗水。

4. 其他混合废水

其他混合废水包括车间地面（或地坪）、容器、极板及其他设备等冲刷废水，因机器设备异常或故障、五金配件破损、加热或降温管道破裂、滤机（尤其是泵体）或镀槽渗漏、地下抽风管道积水、镀液或处理液带出、操作管理不当等引起的"跑、冒、滴、漏"，活性炭和离子交换树脂再生及反冲洗、膜清洗、蒸发或通风冷凝、污泥脱水、逆流漂洗和循环水更新等废水处理过程的自用水，电镀工艺分析和废水、废气检测等化验分析产生的少量化验用水，以及工作人员正常生活产生的冲厕、淋浴、餐饮等废水。

3.2.2　废水中污染物组成

根据电镀产品不同功能要求，其镀液组分各不相同，由此产生的电镀废水水质成分复杂。就废水中污染物的种类而言，主要分为以下几类：

1. 重金属

如铬、镉、铜、镍、锌、铁、锡、铅、金、银和锰等。

2. 酸、碱及其盐类物质

如硫酸、盐酸、硝酸、磷酸、铬酸、硼酸、氢氟酸、氢氧化钠、碳酸钠、氰化物、焦磷酸根、多磷酸根等。

3. 有机物质

有机物质包括各种整平剂（醋酸、草酸等）、光亮剂（如巯基杂环化合物、硫脲衍生物和聚二硫化合物等）、表面活性剂（如聚乙二醇、直链烷基苯磺酸钠（LAS）、烷基苯酚聚氧乙烯醚（OP-10）、6501 乳化剂、聚氧乙烯蓖麻油、聚乙二醛缩甲醛等）、络合剂（如三乙醇胺、酒石酸钾钠、葡萄糖酸钠、乙二胺四乙酸（EDTA）、柠檬酸钠、羟基乙叉二膦酸（HEDP）、氨基三亚甲基磷酸（ATMP）、四羟丙基乙二胺等）、缓蚀剂（如磺化煤焦油、硫脲、乌洛托品联苯胺等）、有机颜料等。

4. 其他物质

如氟化物、氧化铁皮、尘土及悬浮物等。

3.3 废水种类及水质特性

根据电镀园区镀种生产工艺、污染因子类型和废水处理技术，将电镀废水彻底细分，可分为前处理废水（如碱性除油废水，浸蚀、活化废水等）、含氰废水、含铬废水、含镍废水（如电镀镍废水、化学镍废水等）、含铜废水、含锌废水、含锡废水、含镉废水、含铅废水、含贵金属废水、含氟废水、混排废水、综合废水、磷化废水等。

3.3.1 前处理废水

1. 碱性除油废水

碱性除油废水主要来源于镀前处理中的除油工序，该工序通常利用碱性化合物（如氢氧化钠、碳酸钠等）或表面活性物质（如硅酸钠、硬脂酸钠、磷酸三钠、OP 乳化剂、AE 乳化剂、三乙醇胺油酸皂等）的皂化和乳化作用，在碱性、电化学或超声条件下实现皂化油脂或矿物油类物质的去除。常用碱性化学除油液的配方和工艺规范见表 3.2。油污严重时，需采用煤油、丙酮、汽油、苯类（苯、甲苯、二甲苯）、三氯乙烯、四氯化碳等有机溶剂进行预除油。由于油类物质易降低处理药剂的药效，影响废水处理效果，因此碱性除油废水一般单独收集、单独处理，其污染物主要包括油类、废碱、表面活性剂等物质，废水中 COD 浓度约为 500 mg·L^{-1}。

常用碱性化学除油液的配方和工艺规范　　　　　表 3.2

配方组成及工艺条件	钢铁			铜及其合金		铝及其合金		锌及其合金	镁及其合金	精密件
	1	2	3	1	2	1	2			
氢氧化钠(NaOH) (g·L^{-1})	50～80	30	10～30	5～10						
碳酸钠(Na$_2$CO$_3$) (g·L^{-1})	15～20	50		35～40	10～20			10～20	10～20	
磷酸三钠(Na$_3$PO$_4$) (g·L^{-1})	15～20	70		40～60	10～20	40	10～30	10～20	10～20	
硅酸钠(Na$_2$SiO$_3$) (g·L^{-1})		5		30～50		5～10	10～15	3～5	10～20	10～20
OP 乳化剂 (g·L^{-1})	1～2	3～5	3～5	2～3	2～3		2～3	2～3	1～3	
6501 洗净剂 (g·L^{-1})										8

配方组成及工艺条件	钢铁			铜及其合金		铝及其合金		锌及其合金	镁及其合金	精密件
	1	2	3	1	2	1	2			
6503 洗净剂 (g·L⁻¹)										8
三乙醇胺 (mL·L⁻¹)										8
温度 (℃)	80~90	70~80	70~80	70~80	70	65~85	50~60	50~60	60~80	70~80

2. 浸蚀、活化（弱浸蚀）等清洗废水

来源于镀前浸蚀、活化等处理环节，其主要利用盐酸、硫酸、硝酸、磷酸、氢氟酸、铬酐、氢氧化钠等溶液，在化学、电化学或超声条件下去除镀件表面锈蚀物、氧化皮（膜），以达到活化镀件表面的目的。为了防止镀件基材在浸蚀过程中的过腐蚀和渗氢，通常在酸浸蚀溶液中添加适量缓蚀剂，如磺化煤焦油、硫脲、乌洛托品联苯胺等。常用化学强浸蚀溶液组成和工艺条件见表 3.3。

当镀件表面锈蚀物和氧化物经浸蚀处理后，进入电镀工序之前，仍需进行弱浸蚀（即活化处理），旨在进一步去除镀件表面形成的薄层氧化膜，促使基体晶格暴露。与浸蚀相比，其浸蚀液浓度相对较低、浸蚀能力较弱，如采用质量分数为 3%~5% 稀盐酸或稀硫酸，室温下浸蚀处理 0.5~1 min。该类废水中污染物包括铁、铜、铝、锌等重金属离子，硫酸、盐酸等无机酸类，磷酸盐类可溶性盐，有机添加剂，石油类及氧化铁皮，砂土等物质，废水 pH 一般为 2~3，COD 浓度为 300~500 mg·L⁻¹。

前处理废水具有水质差、有机浓度高、金属离子含量低、组分变化大等特点，其产量约占电镀废水总量的 20%。目前，国内针对前处理酸、碱废水的处理，一般采用以下 4 种方式：①当电镀前处理废水水量较大时，将酸、碱废水单独进行中和处理；②当电镀前处理废水水量较小时，将酸、碱废水分别与其他类型废水混合处理，如含碱废水与含氰废水合并、含酸废水与含铬废水合并；③排入电镀混合废水系统进行处理；④采用先酸后碱的串联复用流程，重复使用于镀前处理清洗环节。

3.3.2 含氰废水

含氰废水主要来源于氰化镀铜、氰化镀锌、氰化镀金、氰化镀银、氰化镀铜锡合金、仿金电镀等氰化电镀工序的清洗水以及氰化氢废气喷淋废水。常用氰化镀锌工艺规范见表 3.4。含氰废水中主要污染物包括络合态重金属、游离氰化物、氢氧化钠及碳酸钠盐类和多种添加剂等。含氰废水中氰浓度一般低于 50 mg·L⁻¹，pH 在 8~11 之间。通常情况下，含氰废水需要单独收集、单独处理，若与其他废水混合则易造成氧化剂使用量增多、酸性条件下生成剧毒性物质、与重金属离子发生络合增加废水处理难度等问题。考虑到氧化破氰在碱性条件下进行，实际工程中也存在含氰废水与碱性除油废水共混的现象。含氰废水经氧化破氰处理后，如有条件可与其他废水混合，并通过化学沉淀法进行沉淀过滤，以确保废水中重金属离子的全面达标。

表 3.3 常见化学强浸蚀溶液组成和工艺条件

配方组成和工艺条件	钢铁零件				铸件		合金钢		铝及其合金			镁及其合金	
									浸蚀		出光	一般件	铸造件
	1	2	3	4	1	2	1	2	1	2			
硫酸（H_2SO_4）（相对密度 1.84）（g·L⁻¹）	120~250	100~200		200~250	75%		80~100			35			
盐酸（HCl）（相对密度 1.19）（g·L⁻¹）		100~200	150~200		150~360	100		60~80					
硝酸（HNO_3）（相对密度 1.41）（g·L⁻¹）							60~90	200~300			3 份		
氢氟酸（HF）（g·L⁻¹）					25%		40~50	100~140			1 份		
氢氧化钠（NaOH）（g·L⁻¹）									10~20				
氯化钠或氟化钠（g·L⁻¹）									20~30				
硫脲（g·L⁻¹）													
缓蚀剂（若丁）（g·L⁻¹）	0.3~0.5	0.3~0.5											
磺化煤焦油（g·L⁻¹）							1~1.5						
六次甲基四胺（g·L⁻¹）													
铬酐（CrO_3）（g·L⁻¹）										175		150~250	
温度（℃）	50~75	40~60	30~40	40~60	室温	30~40	室温	室温	50~80	60~75		室温	室温
时间（min）	除净为止	5~20	除净为止	除净为止	至砂或氧化物除净	至砂或氧化物除净	40~60	10~20	1~2	0.5~2		8~12	1~2

常用氰化镀锌工艺规范　　　　　　　　表 3.4

镀液组成与工艺条件	微氰镀锌	低氰镀锌	中氰镀锌	高氰镀锌	钢管内壁镀锌专用配方
氧化锌（ZnO）(g·L^{-1})	10～12	14～16	18～22	44	15～20
氢氧化钠（NaOH）(g·L^{-1})	100～120	95～105	85～95	85	90～110
氰化钠（NaCN）(g·L^{-1})	2～3	15～26	35～40	100	20～30
硫化钠（Na$_2$S）(g·L^{-1})	0.1～0.2	0.1～0.3	1～2		
光亮氰锌-92(mL·L^{-1})		6～8			
光亮氰锌-94(mL·L^{-1})	4～6			2	
氰锌-95A(mL·L^{-1})			5～7		
氰锌-96(mL·L^{-1})					5
温度(℃)	10～45	常温	常温	15～45	常温
阴极电流密度(A·dm^{-2})	1～2	2～4 滚镀 4～8	2～6 滚镀 4～8	2～6	2～6

3.3.3　含铬废水

含铬废水主要来源于塑料电镀前粗化、镀铬、镀黑铬、铬酸盐钝化、退镀、阳极氧化等含铬清洗水及铬酸废气洗涤废水。常用镀铬液的组成与工艺规范见表 3.5。含铬废水中主要污染物为 Cr^{6+}、Cr^{3+}、Cu^{2+}、Fe^{3+}、Zn^{2+} 等金属离子和盐酸、硝酸、硫酸等酸类以及少量添加剂等，其中 Cr^{6+} 浓度为 20～200 mg·L^{-1}，pH 为 4～6。含铬废水一般进行分质单独处理，由于该类废水需在较低 pH 条件下进行还原处理，因此也可将含铬废水和酸洗/活化漂洗水共混，以降低废水 pH 调节费用。

3.3.4　含镍废水

电镀镍是利用外电流将电镀液中镍离子在阴极上还原成金属的过程，其废水成分相对简单。而化学镀是依赖镀液中的还原剂进行氧化还原反应，在自催化作用下使金属离子不断沉积于材料表面的过程，其废水成分相对比较复杂。

1. 电镀镍废水

电镀镍废水主要来源于普通镀镍、电镀暗镍、电镀光亮镍、多层镀镍（如双层镀镍、半光亮镍/光亮镍/镍封、半光亮镍/光亮镍/高应力镍）、电镀镍合金（如镍铁合金、镍磷合金、镍钴合金等）等工艺过程的漂洗水。典型光亮镀镍工艺规范见表 3.6，电镀镍废水中主要污染物为硫酸镍、氯化镍、硫酸钠、硼酸等无机盐和酸，以及部分光亮剂、表面活性剂等，其中镍离子浓度一般为 20～400 mg·L^{-1}，pH 在 6 左右，COD 在 100 mg·L^{-1}以下。

常用镀铬液的组成与工艺规范

表 3.5

类型溶液组成及工艺条件		普通镀铬液				复合镀铬液	自动调节镀铬液	快速镀铬液	稀土镀铬液（CS型）
		低浓度	中浓度	标准	高浓度				
铬酐(CrO_3)(g·L⁻¹)		80~120	150~180	250	300~350	250	250~300	180~250	120~150
硫酸(H_2SO_4)(g·L⁻¹)		0.8~1.2	1.5~1.8	1.5	3.0~3.5	1.25		1.8~2.5	0.6~1.0
三价铬(Cr^{3+})(g·L⁻¹)		<2	1.5~3.6	2~5	3~7				<2
氟硅酸(H_2FiO_6)(g·L⁻¹)		1~1.5				4~8		2.5	
硫酸锶($SrSO_4$)(g·L⁻¹)							6~8		
氟硅酸钾(K_2SiF_6)(g·L⁻¹)							20		
硼酸(H_3BO_3)(g·L⁻¹)								8~10	
氧化镁(MgO)(g·L⁻¹)								4~5	
CS-1添加剂(g·L⁻¹)									2
阳极材料		Pb-Sn	Pb-Sb	Pb-Sb	Pb-Sb	Pb-Sb	Pb-Sb	Pb-Sb	Pb-Sn<5%
S阳极 : S阴极									1 :（2~3）
防护装饰	温度(℃)		55~60	48~53	48~55	45~55	40~60	55~60	20~35
	阴极电流密度(A·dm⁻²)		30~45	15~30	15~35	22~40	20~45	30~45	5~10
硬铬	温度(℃)	55	55~60	50~60		55~60	50~62	55~60	35±5
	阴极电流密度(A·dm⁻²)	30~40	30~45	48~55		50~80	40~80	40~80	30±5
乳白铬	温度(℃)		74~79	70~72			70~72		
	阴极电流密度(A·dm⁻²)		25~30	20~30			25~30		

典型光亮镀镍工艺规范　　　　　　　　　　　　　　表 3.6

硫酸镍（$NiSO_4 \cdot 7H_2O$）（$g \cdot L^{-1}$）	280～320
氯化钠（NaCl）（$g \cdot L^{-1}$）	15～20
硼酸（H_3BO_3）（$g \cdot L^{-1}$）	35～40
糖精（$C_7H_4O_3NS$，或柔软剂 S—96）（$g \cdot L^{-1}$）	0.5～1
1，4—丁炔二醇（C_4H_4（OH）$_2$）（$g \cdot L^{-1}$）	0.2～0.5
BE—95（$mL \cdot L^{-1}$）	2～4
十二烷基硫酸钠（$C_{12}H_{25}SO_4Na$）（$g \cdot L^{-1}$）	0.1～0.2
温度（℃）	50～55
pH	4.2～4.8
D_k（$A \cdot dm^{-2}$）	2.0～4.0
阴极移动（次 $\cdot min^{-1}$）	25～30

2. 化学镍废水

化学镍废水主要来源于化学镀镍工艺清洗水。以次磷酸钠为还原剂的酸性化学镀镍工艺见表 3.7。化学镍废水中主要污染物包括镍盐（如硫酸镍、氯化镍、醋酸镍、氨基磺酸镍、次磷酸镍等）、络合态镍、还原剂（如次磷酸盐、肼、硼氢化钠）、亚磷酸盐、络合剂（如乳酸、乙醇酸、苹果酸、氨基乙酸、柠檬酸、焦磷酸盐、氨水等）、缓冲剂（如乙酸/乙酸钠、丁二酸/硼砂、丁二酸氢钠/丁二酸钠等）、稳定剂（硫脲、硫代硫酸盐、含氧化合物、不饱和马来酸等）、加速剂及其光亮剂、表面活性剂等，其中镍离子浓度一般低于 100 $mg \cdot L^{-1}$，pH 为 6 左右。由于废水中有机物的存在容易改变重金属离子的存在形态，使其难以通过传统化学沉淀等方法进行有效去除，因此，电镀镍和化学镍废水一般应当单独收集、单独处理。

以次磷酸钠为还原剂的酸性化学镀镍工艺　　　　　　　表 3.7

镀液组成及工艺条件	配方						
	1	2	3	4	5	6	7
硫酸镍（$NiSO_4 \cdot 7H_2O$）（$g \cdot L^{-1}$）	25	24	20～25	25	20～34	28	23
次磷酸钠（$NaH_2PO_2 \cdot H_2O$）（$g \cdot L^{-1}$）	30	24	20～25	20	20～35	30	18
醋酸钠（CH_3COONa）（$g \cdot L^{-1}$）				12			
羟基乙酸钠（$CH_2OHCOONa$）（$g \cdot L^{-1}$）	10						
柠檬酸钠（$Na_3C_6H_5O_7 \cdot 2H_2O$）（$g \cdot L^{-1}$）				12			
柠檬酸（$C_6H_8O_7$）（$g \cdot L^{-1}$）						15	
苹果酸（$C_4H_6O_5$）（$g \cdot L^{-1}$）				18～35			15
丁二酸（$C_4H_6O_4 \cdot 6H_2O$）（$g \cdot L^{-1}$）					16		12
丙酸（CH_3CH_2COOH）（$mL \cdot L^{-1}$）		2					
乳酸（$C_3H_6O_3$，80%）（$mL \cdot L^{-1}$）		33		25		27	20
硼酸（H_3BO_3）（$g \cdot L^{-1}$）				10			
pH	5	4.5	4.1～5.1	4.4～4.8	4.5～6.0	4.8	5.2
温度（℃）	90	95	80～90	88～92	85～95	87	90
沉积速度（$\mu m \cdot h^{-1}$）	20	17	10	10～12			

3.3.5 含铜废水

含铜废水主要来源于氰化镀铜、硫酸盐镀铜、焦磷酸盐镀铜和化学镀铜等工艺产生的各类含铜清洗废水。其中，硫酸盐镀铜工艺主要产生游离态铜离子、镍离子、硫酸铜、硫酸和部分光亮剂等污染物，废水中铜浓度一般在 $100 \text{ mg} \cdot \text{L}^{-1}$ 以下，pH 为 2～3。焦磷酸盐镀铜工艺产生的污染物为络合态铜离子、磷酸盐、柠檬酸盐、氨三乙酸以及部分添加剂、光亮剂、表面活性剂等，废水含铜浓度在 $50 \text{ mg} \cdot \text{L}^{-1}$ 以下，pH 在 7 左右。化学镀铜工艺以甲醛为还原剂，镀液中主要成分包括硫酸铜、氢氧化钠、酒石酸钾钠、甲醇、EDTA 钠盐和亚铁氰化钾等，其废水主要污染物为络合态铜离子及各类有机物。除氰化镀铜废水分流外，其余镀铜工艺废水一般进行混合处理，但针对络合比例高、水质波动性大的含铜废水，应分质处理并针对性破络，以保证总铜浓度的达标排放。

3.3.6 含锌废水

含锌废水主要来源于碱性锌酸盐镀锌、钾盐镀锌、硫酸锌镀锌和铵盐镀锌等工序产生的废水。碱性锌酸盐镀锌工序产生的污染物主要包括氧化锌、氢氧化钠和部分添加剂、光亮剂等，一般废水中含锌浓度在 $50 \text{ mg} \cdot \text{L}^{-1}$ 以下，pH 在 9 以上；钾盐镀锌工艺主要产生氯化锌、氯化钾、硼酸和部分光亮剂等污染物，废水中含锌浓度在 $100 \text{ mg} \cdot \text{L}^{-1}$ 以下，pH 为 5～8；硫酸锌镀锌工艺主要产生硫酸锌、硫脲和部分光亮剂等污染物，废水中含锌浓度在 $100 \text{ mg} \cdot \text{L}^{-1}$ 以下，pH 为 6～8；铵盐镀锌废水中主要污染物为氯化锌、氧化锌、锌的络合物、氨三乙酸和部分添加剂、光亮剂等，含锌浓度一般在 $100 \text{ mg} \cdot \text{L}^{-1}$ 以下，pH 为 6～9。对于不含配位剂或少量配位剂的镀锌废水，调整废水 pH 并投加一定量的絮凝剂，经沉淀和过滤处理后即可实现达标排出。针对含过量配位剂的镀锌废水，如铵盐镀锌废水则需要预先破坏配合物后，进行化学沉淀处理。

3.3.7 含锡废水

含锡废水主要来源于酸性镀锡、碱性镀锡和镀件清洗水等工艺产生的废水中，酸性镀锡工艺主要产生的污染物包括硫酸亚锡、甲酚磺酸、硫酸、氟硼酸和部分光亮剂、稳定剂、分散剂等，废水中含锡浓度一般在 $60 \text{ mg} \cdot \text{L}^{-1}$ 以下，pH 为 2～3；碱性镀锡废水中主要污染物包括硫酸亚锡、三水合锡酸钾、氢氧化钠、氢氧化钾、乙酸钾和络合剂等，废水含锡浓度在 $100 \text{ mg} \cdot \text{L}^{-1}$ 以下，pH 在 7 左右；镀件清洗水中主要污染物包含 Cu^{2+}、Sn^{2+}、Sn^{4+} 等重金属离子，其 pH 为 2～3。

3.3.8 含镉废水

含镉废水主要来源于三乙酸胺无氰镀镉、酸性镀镉及碱性镀镉工艺产生的废水。三乙酸胺无氰镀镉工艺产生的污染物主要包括硫酸镉、氯化镉、乙酸钠、氨三乙酸、EDTA、硫酸镍和部分添加剂等，废水中含镉浓度在 $100 \text{ mg} \cdot \text{L}^{-1}$ 以下，pH 为 6～7；酸性镀镉工艺主要产生硫酸、硫酸钠、硫酸镉、硫酸铵和部分添加剂等污染物，废水 pH 为 3～5；碱性镀镉产生的污染物包括硫酸镉、氯化镉、硫酸铵、三乙酸铵、焦磷酸钾、EDTA 等，废水 pH 为 8～9。

3.3.9　含铅废水

含铅废水来源于合金镀工艺产生的废水。废水中的污染物主要包括氟硼酸铅、氟硼酸、氟离子和部分添加剂等，其中铅离子浓度为 150 mg·L^{-1}左右，氟离子浓度为 60 mg·L^{-1}左右，pH 在 3 左右。

3.3.10　含贵金属废水

含贵金属废水主要来源于亚硫酸盐镀金、氰化镀银、硫代硫酸盐镀银、亚氨二磺酸镀银以及尿素镀银等工序产生的废水。亚硫酸盐镀金产生的主要污染物包括金盐、亚硫酸盐和部分光亮剂等，废水 pH 为 7～8；氰化镀银工艺主要产生银离子、游离氰离子等污染物，废水中银离子浓度一般小于 50 mg·L^{-1}，总氰根离子浓度为 10～50 mg·L^{-1}，废水 pH 为 8～11；硫代硫酸盐镀银工艺主要产生硫酸根、硫代硫酸铵、硫代硫酸钾和部分添加剂等污染物，废水 pH 一般为 5～6；亚氨二磺酸镀银工艺产生的污染物主要为硝酸根、硫酸铵和部分光亮剂，废水 pH 为 7～8；尿素镀银工艺产生的主要污染物包括硝酸根、氧化镁、尿素以及硫脲等。

3.3.11　含氟废水

由于电镀过程中常常使用氢氟酸、氟硼酸等试剂，因此废水中存在一定量的氟离子，当其浓度含量超过排放标准限制时，需将含氟废水单独收集处理。

3.3.12　混排废水

混排废水主要为电镀车间操作或管理不善引起的"跑、冒、滴、漏"、刷洗极板、冲洗车间地面和冲洗设备、镀槽破损、镀槽渗漏、地面冲刷、设备清洗以及因实际因素无法做出明确分类的废水。该类废水中不仅含有氰化物、Cr^{6+}和 Ni^{2+}等一类污染物，也含有 Cu^{2+}和 Zn^{2+}等二类污染物，水质成分比较复杂，不仅需要破氰、除铬处理，也需要除去其他金属离子和 COD。

3.3.13　综合废水

综合废水是由电镀全流程各工艺环节产生的废水共混而成，其来源复杂，组分多变。其污染物以含铜、锌、锡等二类污染物为典型代表。综合废水主要来源于：①电镀酸铜、焦磷酸铜、酸性镀锌、电镀锡、不含铬阳极氧化、无氰电镀锡锌合金等漂洗废水及后续紧接着的活化废水；②含后处理不含铬氰的封孔、保护等漂洗水；③含线路板微蚀、粗化、棕化等清洗废水。对于废水性质相近的废水而言，将其进行混合处理是较为方便且经济的方法。

3.3.14　磷化废水

磷化废水主要产生于磷化处理工序，废水中的磷主要以磷酸、磷酸盐、次亚磷酸盐、亚磷酸、焦磷酸盐、植酸等形式存在，其含量与废水的来源密切相关。磷化废水含磷浓度一般在 100 mg·L^{-1}以下，pH 为 7 左右。含磷废水的处理方式繁多，包括生物除磷、化学混凝沉淀除磷、吸附除磷、结晶除磷、膜技术处理法以及电解法除磷等，其经分质单独处理后，可以排入电镀混合废水系统进行再处理，或直接排入电镀混合废水系统进行处理。

3.4 水质分类依据及方法

《污水综合排放标准》（GB 8978—1996）、《电镀污染物排放标准》（GB 21900—2008）、《电镀废水治理工程技术规范》（HJ 2002—2010）等标准中明确要求将电镀废水进行分类收集、分质处理，旨在针对性地处理各类特征污染物，实现水质稳定达标排放，并促进资源循环回用，控制废水处理成本。

传统方法一般将电镀废水分为含氰废水、含铬废水、混合废水等。在废水来源明确、污染因子单一、后续深度处理有所保障的情况下，出水水质可能达到《电镀污染物排放标准》（GB 21900—2008）的基本要求。但粗放分类体系下，共混污染物之间可能存在相互干扰和作用，不利于出水水质的高标准稳定达标排放。

伴随现代电镀工艺的不断革新和发展，电镀废水污染物成分日趋多样化和复杂化，从不同电镀企业镀种类型、生产规模、电镀工艺、操作管理、物料设备和用水方式等情况出发，实际处理过程对电镀废水进行了更为细致的划分，其基本原则如下：①当废水中含有一种以上主要污染物时，按其危害程度进行专属划分，如氰化镀镉废水尽管存在氰化物与镉等不同种类污染物，但仍归为含氰类废水；②同一镀种采用不同施镀工艺时，可分类划分，如含铜废水包含焦磷酸镀铜废水和硫酸铜镀铜废水等；③不同镀种废水主要污染物相同时，统一划分，如镀铬、钝化废水可归为含铬废水；④废水需要进行预处理或具有回收利用价值时，需单独划分，如含氰废水、含铬废水、含镍废水、含金废水、含银废水等。基于上述原则，如东开元表面处理中心将电镀废水分为含氰废水、含镍废水、化学镍废水、含铬废水、综合废水、前处理废水、混排废水 7 股废水（图 3.2）；镇江环保电镀专业园按 8 大水系对电镀废水进行收集处理，即含铜系、镍系、铬系、氰系、络合系、混排废水、前处理废水及生活废水等（图 3.3）。

由于电镀废水种类繁多、成分复杂，过于细分势必导致废水处理系统基建费用和运维管理难度的增加，如何对电镀废水进行科学合理的分质与合并，以实现建设处理成本、稳定达标/提标排放、重金属资源回收和中水回用之间的平衡是构建适用于大多数电镀工业园区的废水分类处理体系的关键。为此，现有研究在实地调研、追本溯源的基础上，依据电镀工业园区生产技术、组织管理、水质特性、排污特点、排放标准及回用要求，结合当前电镀废水处理技术的适用范围、处理效果、处理成本和应用现状，提出了电镀工业园区污水初步分类方案；并以污染物排放标准限值、中水回用率和建设处理成本等为综合评价指标，运用层次分析法或熵权法进行进一步比选、优化，为最终形成符合电镀工业园区实际污水处理的废水分质与技术应用方案提供了解决路径。

以惠州市博罗县龙溪电镀基地为例，污水处理厂一期工程将电镀废水划分为含镍废水、含铬废水、含氰废水、综合废水、前处理废水、混排废水 6 类进行收集处理。其中，含镍废水包括镀镍废水、化学镍废水；综合废水包括酸性镀铜废水、焦磷酸镀铜废水、碱性锌酸盐镀锌废水、钾盐镀锌废水、硫酸锌镀锌废水和铵盐镀锌废水等；前处理废水包括

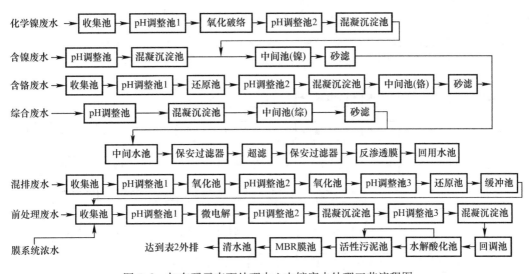

图 3.2　如东开元表面处理中心电镀废水处理工艺流程图

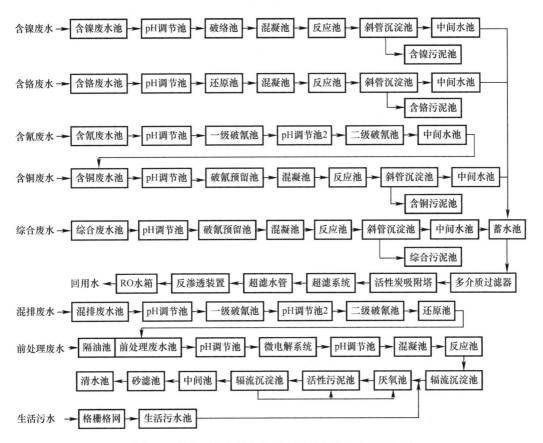

图 3.3　镇江环保电镀专业园电镀废水处理工艺流程图

除油废水和酸洗废水。龙溪电镀基地电镀废水处理工艺流程如图 3.4 所示，含镍废水、含铬废水和综合废水经水质调节、袋滤罐粗沉淀后进入离子交换树脂系统；含氰废水经两级氧化破氰、混凝反应后进入 MCR 膜沉淀装置；前处理废水经混凝沉淀、生化反应后进入膜过滤系统；上述 5 类废水出水共混至回用水缓冲池，通过二级反渗透系统实现废水回用。混排废水经氧化破氰、电絮凝和混凝沉淀等作用后，与经氧化—混凝沉淀处理的反渗透浓水共混，通过沉淀过滤、生化处理后排放。

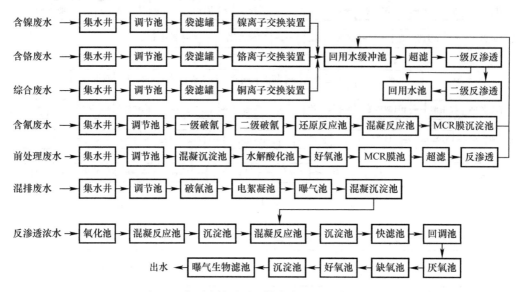

图 3.4　龙溪电镀基地电镀废水处理工艺流程图

为实现《电镀污染物排放标准》（GB 21900—2008）中表 3 浓度限值的稳定达标排放，基于熵权法和层次分析法，对废水水质分类处理进行方案优化（图 3.5），即可获得适用于龙溪电镀基地的水质分类处理方案（图 3.6）。例如，区分含镍废水和化学镍废水；采用化学沉淀或高级氧化预先去除重金属，再以离子交换装置作为末端保障，降低离子交换系统运行负荷和处理成本；在原有超滤＋反渗透系统前端增设生化系统，优化膜系统进水水质，延长膜系统寿命；采用多级生化＋化学氧化法处理反渗透浓水以减少投资和运行成本，保证出水稳定达标排放。但就优化方案的实际效果及可能存在的问题，仍需要在实践或实验中检验。

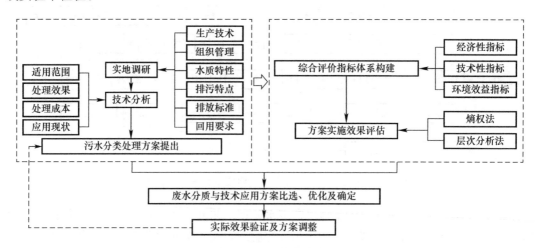

图 3.5　电镀工业园区废水水质分类方法

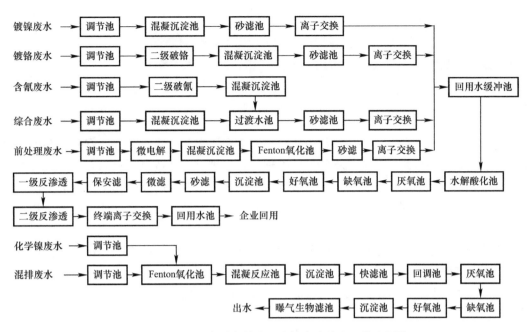

图 3.6　适用于龙溪电镀基地电镀废水处理工艺流程图

第 4 章　电镀废水化学处理技术

电镀废水成分复杂，主要污染物为氰化物和重金属离子，除此之外还有酸性和碱性物质、有机物、油脂等物质。如果不经有效处理，直接排放，会造成严重的环境污染。由于其水量大，毒性高，成分不易控制，电镀废水的治理在国内外已经引起了普遍的关注，并取得了很大的进展。现代电镀废水处理方法通常分为化学处理法、物理处理法、生物处理法和膜处理法四大类。

化学处理法主要是通过化学反应改变胶体态或溶解性污染物的物理和化学性质，以达到降低废水酸碱度、去除重金属离子、氧化难降解有机物、回收可用资源等目的。常用的化学处理法包括酸碱中和法、化学沉淀法、混凝沉淀法、重金属螯合法、氧化还原法及其联用技术。

目前，在电镀废水处理中，约80%采用化学处理法。该方法在国内应用广泛，技术相对成熟，具有投资少、处理成本低和操作简便等特点。而缺点在于生产用水不能用于回收利用，造成了很大的水资源浪费，且占地面积较大。

4.1　酸碱中和法

酸碱中和法是指向含有重金属废水中投加碱性沉淀剂，使重金属生成难溶于水的氢氧化物或盐的形式沉淀分离。常用的中和沉淀剂主要有苛性钠、消石灰、生石灰等。

沉淀剂来源广泛、价格较低，去除重金属的同时还能中和各种酸（如漂洗废液）及其混合液，因此，酸碱中和法是处理重金属废水常用的方法。但使用此法出水的 pH 偏高，尤其当废水中有 Pb、Al、Zn、Sn 等两性金属存在时，其生成的沉淀物可能再次溶解，因此要严格控制 pH，实行分段沉淀。此外，一些重金属与某些阴离子（腐殖质、氰根、卤素、氨氮等）可能会形成络合物沉淀，因此在中和前需要进行预处理。

所谓的酸碱中和反应是指利用酸碱相互作用中和过量的酸、碱或调整酸碱度，使之呈中性或接近中性（6.5～8.5），以满足下一步处理或外排需求的化学反应过程。以盐酸和氢氧化钠反应为例：

$$HCl + NaOH \longrightarrow NaCl + H_2O \tag{4.1}$$

从经济性角度出发，当酸、碱浓度高于 3% 时，一般应考虑综合回收或利用；当酸、碱浓度低于 3% 时，则应优先考虑以废治废，利用酸碱废水的自然中和作用进行共混处理，其次考虑通过投加药剂或滤料过滤进行中和处理。若废水中含有配位剂、表面活性剂等污染物时，应预先破坏配合物后再进行中和处理。

1. 酸性废水

电镀车间废水一般以酸性废水居多，在共混处理过程中需兼顾碱性废水的中和作用、金属离子沉淀作用及与其他酸性盐反应。根据化学反应等当量原理，碱性废水消耗量设计应满足下式：

$$\sum Q_z B_z \geqslant \sum Q_s B_s \alpha K \tag{4.2}$$

式中，Q_z 为碱性废水流量；B_z 为碱性废水浓度；Q_s 为酸性废水流量；B_s 为酸性废水浓度；α 为药剂消耗比，即中和 1 g 酸所需的碱量，如表 4.1 所示；K 为反应不完全系数，一般取 1.5～2。

碱性中和剂的理论单位消耗量　　　　表 4.1

酸类名称	中和 1 g 酸所需的碱量				
	CaO	Ca (OH)$_2$	CaCO$_3$	CaCO$_3$·MgCO$_3$	MgCO$_3$
H_2SO_4	0.571	0.755	1.020	0.940	0.860
HCl	0.770	1.010	1.370	1.290	1.150
HNO$_3$	0.445	0.590	0.795	0.732	0.668

酸性废水的投药中和一般以石灰、石灰石、白云石、苏打、苛性钠和电石渣等为碱性中和剂。以常用石灰为例，其对酸进行中和的反应式为：

$$CaO + H_2O =\!=\!= Ca (OH)_2 \tag{4.3}$$

$$2 H^+ + Ca (OH)_2 =\!=\!= 2H_2O + Ca^{2+} \tag{4.4}$$

过滤中和法所用滤料为石灰石、白云石、大理石等。石灰石与酸的中和反应如下：

$$2 H^+ + CaCO_3 =\!=\!= H_2O + CO_2\uparrow + Ca^{2+} \tag{4.5}$$

石灰石的主要成分是 $CaCO_3$，只能中和 2% 以下的低浓度硫酸。因为所生成的 $CaSO_4$ 的溶解度较低，如进水硫酸浓度较高，生成的硫酸钙超过溶解度，析出的 $CaSO_4$ 将覆盖在石灰石表面，使其无法继续与水中的酸反应。所以需要采取防范措施，实际上因为硫酸钙析出沉淀需要一定的过饱和度，在颗粒表面结垢也需要一定时间，加之废水中常有其他盐类存在而产生盐效应，所以硫酸钙在废水中的实际溶解度较大，处理的硫酸浓度一般可达 2.0～2.4 g·L^{-1}，高于理论上的 1.15 g·L^{-1}。石料颗粒表面结垢影响反应进行的情况在处理其他酸时不存在，因为生成的盐类都是溶性的。

2. 碱性废水

混合碱性废水通常来源于化学或电化学除油、钢铁件发蓝、碱性溶液电镀等工艺排出的废水。碱性废水处理时常用废酸或酸性废水中和或将烟道气通入碱性废水使其中和。表 4.2 为酸性中和剂中和碱性废水的理论单位消耗量。烟气中 CO_2 含量最高可达 14%，此外还有少量的 SO_2 和 H_2S。如果用湿法水膜除尘器处理烟道气，可用碱性废水作为除尘水进行喷淋，废水从接触塔顶淋下，烟道气与废水逆流接触，进行中和反应，把废水处理与消烟除尘结合起来，以废治废，节省了投资和运行费用。缺点是出水硫化物、色度、水温、耗氧量等指标均会有所升高，沉渣量也较大，还需进一步处理。烟道气中和法是利用烟道气中的二氧化碳与二氧化硫溶于水中形成的酸中和碱性废水。将烟道气通入碱性废水，或利用碱性废水作为除尘的喷淋水，两者均可得到良好的处理效果。

酸碱中和法是常用的化学沉淀技术，该技术具有操作简单、成本低廉、pH 容易控制等优点。当 pH 为 8.0～11.0，大多数重金属会形成沉淀从而得到有效去除，部分金属氢氧化合物可以通过絮凝沉淀而被去除。

酸性中和剂中和碱性废水的理论单位消耗量　　　　　表 4.2

碱的名称	中和 1 g 碱所需要的酸性物质量/g							
	H_2SO_4		HCl		HNO_3		CO_2	SO_2
含量	100%	98%	100%	36%	100%	65%		
NaOH	1.22	1.24	0.91	2.53	1.37	2.42	0.55	0.80
KOH	0.88	0.90	0.65	1.80	1.13	1.74	0.39	0.57
Ca (OH)$_2$	1.32	1.34	0.99	2.74	1.70	2.62	0.59	0.86
NH_3	2.88	2.93	2.12	5.90	3.71	5.70	1.29	1.88

　　然而氢氧化物沉淀剂的使用也存在一些局限性。当废水中存在多种重金属成分时，不同重金属的最佳沉降 pH 有所不同。由于氢氧化物的两性特点，一种重金属的最佳沉降 pH 可能会将另外一种重金属生成的沉淀溶解。例如，pH 控制过高时，废水中 Cu、Cr、Zn、Pb 等两性金属形成的沉淀物会有再溶解倾向；pH 控制过低，则 Ni、Cu 等金属离子不能完全沉淀去除。因此，中和沉淀法的难点在于多种重金属存在时最佳沉降 pH 的调节问题。部分重金属完全沉淀的 pH 范围见表 4.3。

部分重金属完全沉淀的 pH 范围　　　　　表 4.3

重金属离子	Cu^{2+}	Cr^{3+}	Pb^{2+}	Zn^{2+}	Ni^{2+}	Fe^{3+}
最佳 pH 范围	8.0～12.0	8.5～9.0	9.0～9.5	9.5～10.5	＞10.0	＞3.5

　　此外，废水中若存在络合剂如 EDTA、柠檬酸和脂肪酸等，会和重金属产生稳定的络合物，影响中和沉淀效果。因此，使用该方法时必须进行破络预处理。

4.2　化学沉淀法

　　化学沉淀法是指通过向水中投加氢氧化钠、碳酸盐、硫酸盐、钡盐、铁氧体等沉淀剂，使水中呈溶解态的重金属离子形成难溶的固体沉淀物而分离去除。针对化学镀废水的处理，常用的沉淀剂包括石灰乳、硫化剂、乙酸钙、漂白粉、氢氧化钠、铁盐或亚铁盐、硫酸铝等无机物，以及二烷基二硫代氨基甲酸盐（DTC）、不溶性淀粉黄原酸醋（ISX）和草酸等有机酸类沉淀剂。根据沉淀剂的不同，化学沉淀法可分为碱性沉淀法、钡盐沉淀法、铁氧体沉淀法、硫化物沉淀法、铬酸盐沉淀法等。

1. 碱性沉淀法

　　碱性沉淀法是基于溶度积原理，利用石灰（氧化钙）、NaOH、Na_2CO_3 等沉淀剂将游离态重金属转变为相应的氢氧化物或碳酸盐沉淀［如式（4.6）和式（4.7）所示］，并通过固液分离实现水质净化。

$$M^{n+} + n\,OH^- \longrightarrow M\,(OH)_n \downarrow \qquad (4.6)$$
$$M^{2+} + CO_3^{2-} \longrightarrow MCO_3 \downarrow \qquad (4.7)$$

式中，M^{n+} 为废液中所含重金属离子；$n+$ 为重金属离子电荷价态。

　　对于大多数重金属离子而言，当 pH 控制在 10 以上时，基本可以实现完全沉淀（表 4.4）。应当指出的是，部分金属氢氧化物如 $Zn(OH)_2$、$Pb(OH)_2$、$Cr(OH)_2$、$Al(OH)_3$

等具有两性特征，即在碱性溶液中呈酸性，酸性溶液中呈碱性。以 Zn 为例，pH 为 9～10 时，Zn 基本以 $Zn(OH)_2$ 形式完全沉淀；但当 pH 高于 10.5 时，$Zn(OH)_2$ 与碱反应发生返溶现象，生成 $[Zn(OH)_4]^{2-}$ 或 $[ZnO_2]^{2-}$，反应如下：

$$Zn(OH)_2 + 2OH^- \rightleftharpoons [Zn(OH)_4]^{2-} \tag{4.8}$$

或

$$Zn(OH)_2 + 2OH^- \rightleftharpoons [ZnO_2]^{2-} + 2H_2O \tag{4.9}$$

平衡状态下离解常数为

$$K = \frac{[ZnO_2^{2-}][H_2O]^2}{[Zn(OH)_2][OH^-]^2} = \frac{[ZnO_2^{2-}][H^+]^2[H_2O]^2}{[Zn(OH)_2](K_{H_2O})^2} \tag{4.10}$$

所以，

$$[ZnO_2^{2-}] = \frac{K[Zn(OH)_2](K_{H_2O})^2}{[H^+]^2[H_2O]^2} \tag{4.11}$$

式中，K_{H_2O}、$[H_2O]$、$[Zn(OH)_2]$、K 为常数。令常数 $K' = \dfrac{K[Zn(OH)_2](K_{H_2O})^2}{[H_2O]^2}$，将式两边取对数得

$$\lg[ZnO_2^{2-}] = -(-\lg K') + 2pH = 2pH - pK' \tag{4.12}$$

式（4.12）表明，$[ZnO_2]^{2-}$ 浓度的对数随 pH 增大而成直线增加。由此可见，pH 是影响重金属离子沉淀的重要因素。因此，共存条件下应根据残留重金属浓度及溶度积，并结合具体试验确定沉淀剂投加量。

常见重金属离子沉淀及返溶 pH 范围 表 4.4

金属离子	Fe^{2+}	Al^{3+}	Cr^{3+}	Cu^{2+}	Zn^{2+}	Sn^{2+}	Ni^{2+}	Pb^{2+}	Cd^{2+}
沉淀 pH	6～12	5.5～8	8～9	>8	9～10	5～8	>9.5	9～9.5	>10.5
返溶 pH		>8.5	>9		>10.5			>9.5	

常用石灰和 NaOH 在试剂价格、沉淀物颗粒尺寸、出水盐度和污泥产量等方面存在明显差异。鉴于环境保护和全流程系统监控的需求，现阶段 NaOH 试剂工程应用比例逐渐增加，但仍无法克服碱性沉淀法自身存在的弊端。例如，沉淀物呈胶体状态，需额外投加絮凝剂（如 PAC/PAM）辅助沉降；大量沉淀剂的消耗易导致出水盐度偏高，难以实现废水的高标准回用，且大量污泥的形成存在二次污染风险；出水碱性偏高，后续需要回调 pH 等。

2. 硫化物沉淀法

硫化物沉淀法是通过投加沉淀剂硫化物使废水中的重金属离子以硫化物形式沉淀而得到分离去除 [式（4.13）]。常用的沉淀剂为硫化钠、硫化氢钠。

$$M^{2+} + S^{2-} \longrightarrow MS\downarrow \tag{4.13}$$

相比石灰和 NaOH 等沉淀剂，硫化物沉淀剂的优点是：①硫化物（如 Na_2S、NaHS 等）与重金属之间形成的沉淀物的溶度积常数更低（表 4.5），且硫化钠中硫离子甚至还能夺取一些络合态的重金属使之沉淀下来，沉淀效果更加明显；②沉渣量少，污泥含水率低，便于回收重金属；③同时出水 pH 为 7～9，不需再次中和即可排放。该类沉淀剂也存在一些局限性：①硫化物价格相对较高；②重金属硫化物沉淀颗粒细小，难以团聚沉降，常常需要添加絮凝剂辅助沉淀，且后续处理比较困难；③在硫化试剂的保管和添加过程

中，硫化物易和水、酸发生反应形成硫化氢，进而造成二次污染；④残留 S^{2-} 易导致重铬酸钾法测定 COD 过程中数值偏高。因此，该方法实际运用并不广泛。

部分重金属硫化物与氢氧化物的 k_{SP}

表 4.5

硫化物	溶度积 k_{SP}	氢氧化物	溶度积 k_{SP}
Ag_2S	6×10^{-51}	AgOH	1.5×10^{-8}
As_2S_3	4×10^{-20}	$AsO(OH)$	6×10^{-10}
Bi_2S_3	1.6×10^{-72}	$Bi(OH)_3$	4.3×10^{-31}
CdS	7×10^{-28}	$Cd(OH)_2$	2.4×10^{-13}
α-CoS	3.1×10^{-23}	$Co(OH)_2$	1.6×10^{-18}
β-CoS	1.9×10^{-27}	$Co(OH)_3$	2.5×10^{-43}
γ-CoS	3.0×10^{-26}		
Cu_2S	2×10^{-47}	$Cu(OH)_2$	5.6×10^{-20}
CuS	3.5×10^{-38}		
FeS	3.7×10^{-19}	$Fe(OH)_2$	4.8×10^{-16}
Fe_2S_3	1×10^{-88}	$Fe(OH)_3$	3.8×10^{-38}
Hg_2S	1.0×10^{-47}	$Hg_2(OH)_2$	8.8×10^{-24}
HgS	4.0×10^{-53}	$Hg(OH)_2$	1×10^{-26}
MgS	2.0×10^{-15}	$Mg(OH)_2$	5.5×10^{-12}
MnS	5.6×10^{-16}	$Mn(OH)_2$	5.5×10^{-12}
α-NiS	3×10^{-21}	$Ni(OH)_2$	1.6×10^{-14}
β-NiS	1×10^{-26}		
γ-NiS	2×10^{-28}		
PbS	1.1×10^{-29}	$Pb(OH)_2$	2.8×10^{-16}
PtS	$\approx 10^{-68}$	$Pt(OH)_2$	$\approx 10^{-25}$
Sb_2S_3	1×10^{-30}	$Sb(OH)_3$	4.6×10^{-42}
SnS	1×10^{-28}	$Sn(OH)_2$	5×10^{-26}
Tl_2S_3	1×10^{-24}	$Tl(OH)_3$	1.5×10^{-44}
α-ZnS	6.9×10^{-26}	$Zn(OH)_2$	2.0×10^{-17}
β-ZnS	1.1×10^{-24}		

3. 钡盐沉淀法

钡盐沉淀法是按照比例投加钡盐沉淀剂（如碳酸钡、氯化钡、硝酸钡、氢氧化钡等），并通入压缩空气进行充分搅拌，进而生成难溶的铬酸钡沉淀。这种方法主要用于含六价铬的废水的处理，由于铬酸钡溶度积较小，因此基本可以将其含量控制在国家排放标准范围内。以 $BaCl_2$ 为例，其反应过程如下式所示：

$$BaCl_2 + H_2CrO_4 \longrightarrow BaCrO_4 \downarrow + 2HCl \qquad (4.14)$$

为了提高去除效果，需投加过量的钡盐沉淀剂，反应时间保持在 25 min 以上最佳。但钡盐沉淀法也存在一定的弊端，如钡盐来源少，投加过量的钡盐沉淀剂会产生二次污染物、易堵塞微孔材料和流程复杂等缺点。残钡可通过石膏（即 $CaSO_4 \cdot 2H_2O$）去除，反

应式为

$$Ba^{2+} + CaSO_4 \longrightarrow BaSO_4 \downarrow + Ca^{2+} \tag{4.15}$$

钡盐沉淀法工艺流程如图 4.1 所示。

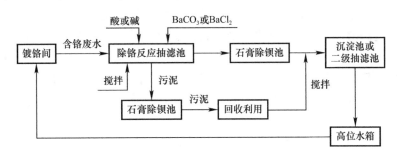

图 4.1　钡盐沉淀法工艺流程图

4. 铁氧体沉淀法

铁氧体沉淀法是向废水中投加 $FeSO_4$，使各种重金属离子形成磁性铁氧体晶体而沉淀析出。铁氧体是指具有铁离子、氧离子及其他金属离子组成的氧化物晶体，统称亚高铁酸盐。铁氧体有多种晶体结构，最常见的为尖晶石型的立方结构，具有磁性。铁氧体通式为 $FeO \cdot Fe_2O_3$。

经典的铁氧体工艺流程如图 4.2 所示。硫酸亚铁加入含铬废水后，Cr^{6+} 被还原成 Cr^{3+}，然后投加碱，使 Cr^{3+} 以 $Cr(OH)_3$ 形式沉淀，同时生成一部分 $Fe(OH)_2$。在 $60 \sim 80\ ^\circ\!C$ 下通风氧化，部分 $Fe(OH)_2$ 转化成 $Fe(OH)_3$，这样逐渐生成了铁氧体晶体和沉淀。该法适用于光亮铬、镀硬铬、黑铬、钝化等各种含铬废水，也适合含多种重金属离子如锌、镍、铜等综合电镀废水。但是当废水中含有螯合剂和强配位剂时，会与重金属形成稳定的络合物，再加碱液改变 pH，不能使其生成沉淀，从而影响处理效果。

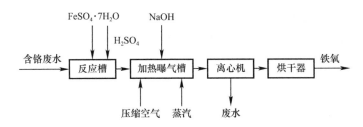

图 4.2　经典的铁氧体工艺流程图

铁氧体处理法处理含铬废水一般含有 3 个过程，即还原反应、共沉淀和生成铁氧体。

第一步：向废水中投加硫酸亚铁，使废水中的六价铬还原成三价铬。

第二步：向废水中投碱调整 pH，使废水中的三价铬以及其他重金属离子（以 M^{n+} 表示）发生共沉淀现象，在共沉淀过程中，某些金属离子的沉淀性能会得到改善，其反应如下：

还原反应：

$$Cr_2O_7^{2-} + 6Fe^{2+} + 14H^+ \longrightarrow 2Cr^{3+} + 6Fe^{3+} + 7H_2O \tag{4.16}$$

调整废水 pH 后的沉淀反应式为

$$Cr^{3+} + 3OH^- \longrightarrow Cr(OH)_3 \downarrow \tag{4.17}$$

第三步：通过向含镍、含铬或重金属共混废水中投加硫酸亚铁，在合适的 pH 和温度条件下，经还原、沉淀絮凝，最终生成铁氧体晶体沉淀析出，废水中重金属离子被包裹、夹带至铁氧体晶格中，从而形成沉淀得以去除，废水得到净化。

铁氧体处理法的主要优点是硫酸亚铁货源广、价格低，处理设备简单，处理后水能达到标准排放，污泥不会引起二次污染；具有一定氧化作用，可同时去除多种重金属离子；污泥稳定性高，易固液分离和脱水处理。其缺点是试剂投加量大，相应产生的污泥量也大；污泥制作铁氧体的技术条件较难控制，需加热耗能较多，处理成本也高；处理后盐度增加。

总体而言，化学沉淀法具有工艺成熟、适用范围广、抗冲击负荷能力强、效果稳定可靠等优势，但也存在着自身发展的局限性，如药剂消耗量大、综合处理费用高；剩余重金属废渣属于危险固体废弃物，存在二次污染风险，若要实现金属资源回收利用则需要新添提取工艺等。

4.3 混凝沉淀法

混凝沉淀法是在无机/有机混凝剂存在条件下，通过压缩双电层、吸附架桥以及沉淀物网捕等作用，促使污水中悬浮颗粒（$> 0.1\ \mu m$）、胶体杂质（$1\ nm \sim 0.1\ \mu m$）、重金属离子（$< 1\ nm$）及其他污染物失稳沉淀的方法。混凝沉淀法常用于去除水中呈胶体或悬浮状态的有机和无机污染物，还能去除水中某些重金属如砷、汞和氮、磷等营养物。混凝剂有无机混凝剂、有机混凝剂和高分子混凝剂。无机混凝剂主要是一些无机类电解质，如明矾、石灰等，其作用机理是通过外加离子改变胶粒的 δ 电势，使之发生聚沉，主要通过压缩双电层、吸附架桥和网捕作用形成混凝沉淀物。有机混凝剂主要是一些表面活性物质，它们属于离子型有机化合物，可以显著降低胶粒的 δ 电势，并强烈地负载到胶粒表面，使胶粒表面的水层减小，从而发生沉降。高分子混凝剂主要由天然高分子化合物及人工合成高分子组成，通过吸附架桥作用产生沉淀。常用无机、有机及复合混凝剂见表 4.6，其中以聚合硫酸铁（PFS）、聚合硫酸铝（PAS）、聚合氯化铝（PAC）、聚丙烯酰胺（PAM）应用最为广泛。

在不同 pH 条件下，絮凝剂水解程度、存在形态及絮凝效果均不相同，其最佳 pH 一般介于 7 ~ 9 之间。将有机絮凝剂和无机絮凝剂组配使用，有助于促进絮凝过程反应，有效降低电镀废水 COD 和重金属含量。考虑到电镀废水的复杂性，应根据实际情况优化复配絮凝剂处理条件，增强混凝处理效果。

常用无机、有机及复合混凝剂　　　　　　　　　　　　　　　表 4.6

名称		化学式
铝系	硫酸铝（AS） 明矾（KA） 聚合氯化铝（PAC） 聚合硫酸铝（PAS） 三氯化铝（AC）	$Al_2(SO_4)_3 \cdot 18H_2O$ $Al_2(SO_4)_3 K_2 SO_4 \cdot 24H_2O$ $[Al_2(OH)_n Cl_{6-n}]_m$ $[Al_2(OH)_n (SO_4)_{3-n/2}]_m$

名称	化学式
铁系	三氯化铁　　$FeCl_3 \cdot 6H_2O$ 硫酸亚铁　　$FeSO_4 \cdot 7H_2O$ 硫酸铁　　　$Fe_2(SO_4)_3$ 聚合硫酸铁　$[Fe_2(OH)_n(SO_4)_{3-n/2}]_m$ 聚合氯化铁　$[Fe_2(OH)_nCl_{6-n}]_m$
无机复合	聚合硫酸铝铁（PFAS） 聚合氯化铝铁（PFAC） 聚合硫酸氯化铁（PFSC） 聚合硫酸氯化铝（PASC） 聚合铝硅（PASi） 聚合铁硅（PFSi） 聚合硅酸铝（PSA） 聚合硅酸铁（PSF）
无机-有机复合	聚合铝/铁－聚丙烯酰胺（PAM） 聚合铝/铁－甲壳素 聚合铝/铁－天然有机高分子 聚合铝/铁－其他合成有机高分子
有机复合	壳聚糖及其衍生物 聚氧化乙烯（PEO） 聚乙烯胺

　　混凝沉淀法的优点是：①处理方法成熟、稳定；②处理效率高，沉降效果好；③操作简单；④节省电能消耗。但也存在一定的弊端，如投入过多药剂会对水体产生一定污染；水质变化较大时，必须通过实验确定最佳投药量；占地面积大；污泥需要浓缩后脱水。

4.4　化学氧化法

　　化学氧化法就是向水中投加氧化剂使水中的 CN^-、S^{2-}、Fe^{2+} 和 Mn^{2+} 等低价有毒离子氧化为无毒或低毒离子，同时除去造成色度、味、嗅觉的各种有机物及致病微生物，从而使废水达到净化的方法。当前化学氧化法常用于处理含氰废水，常用的破氰氧化剂主要有氯系破氰剂，氧气、高锰酸钾、臭氧、过氧化氢等。相比于其他破氰剂，氯系破氰剂如 $NaClO$ 为常见的破氰剂，具有污泥产量低、成本价格低、无二次污染等特点。

　　含氰废水主要采用碱性氯化法、过氧化物法、水解法、臭氧处理法、电化学氧化法、活性炭吸附法、离子交换法、硫酸亚铁法、氯氧结合处理等技术进行处理，其中以碱性氯化法应用最为广泛，即在不同的碱性条件下，加入氯系氧化剂（如次氯酸钠、漂白粉和液氯等）进行二次氧化破氰，第一阶段是将氰化物氧化为氰酸盐（CNO^-），称为"局部氧化法破氰"；第二阶段是将氰酸盐进一步氧化分解为氮气和二氧化碳等无毒无害物质，称为"完全氧化法破氰"。

1. 局部氧化法破氰

　　局部氧化法破氰是利用次氯酸盐（ClO^-）将氰化物预先氧化成氰酸盐（CNO^-），以降低污染物毒性，具体化学反应如式（4.18）和式（4.19）所示。CN^- 与 ClO^- 首先反应生成 CNCl，CNCl 随即水解为 CNO^-，其水解速度与废水 pH、温度和有效氯浓度呈正相关。研究表明，CNCl 极易挥发，当 pH> 8.5 时仍可能有 CNCl 逸出，此外，相比 CN^-，虽然 CNO^- 的毒性相对较低，但在低 pH（2~3）条件下其极易水解生成氨［见反应式（4.21）］，造成氨污染，因此，局部氧化破氰时必须严格控制废水的 pH（10~12）。

$$CN^- + ClO^- + H_2O = CNCl + 2OH^- \tag{4.18}$$

$$CNCl + 2OH^- = CNO^- + Cl^- + H_2O \tag{4.19}$$

总反应式为

$$CN^- + ClO^- = CNO^- + Cl^- \tag{4.20}$$

$$CNO^- + 2H_2O = CO_2 \uparrow + NH_3 \uparrow + OH^- \tag{4.21}$$

$$2NaCN + H_2SO_4 = Na_2SO_4 + 2HCN \uparrow \tag{4.22}$$

2. 完全氧化法破氰

完全氧化法破氰是在局部氧化法破氰基础上，回调废水 pH 至 8，在过量氧化剂条件下将 CNO^- 完全氧化为氮气和二氧化碳，以避免二次污染的发生。其化学反应式为

$$2CNO^- + 3ClO^- + H_2O = 2CO_2 \uparrow + N_2 \uparrow + 3Cl^- + 2OH^- \tag{4.23}$$

或 $$2CNO^- + 3Cl_2 + 4OH^- = 2CO_2 \uparrow + N_2 \uparrow + 6Cl^- + 2H_2O \tag{4.24}$$

相对于局部氧化法破氰，完全氧化法破氰是较为彻底的除氰方法，可以将 CN^- 转化成无毒无害的 CO_2 和 N_2。该方法技术成熟，效果稳定可靠，既解决了氰化物污染问题，又避免了二次污染，适用于小型电镀厂的废水处理。然而氧化破氰的难点在于反应 pH、最佳投加量和反应时间的控制，这对于最大限度地去除 CN^- 至关重要。当 pH>8 时，完全氧化反应速率很慢；pH 为 8.5~9.0 时，反应时间需要 30 min。pH>12 时，则反应停止。但是，pH 也不能太低，否则氰酸根会水解生成氨，并与次氯酸生成有毒的氯胺。考虑到重金属氢氧化物的沉淀去除，完全氧化反应一般控制 pH 在 8.0~8.5 为宜。调节废水 pH 常用稀硫酸而不用盐酸，防止发生副反应。

4.5 化学还原法

化学还原法在电镀废水处理中主要针对含六价铬废水。该方法是在废水中加入还原剂（如 $FeSO_4$、$NaHSO_3$、Na_2SO_3、SO_2、铁粉等）把 Cr^{6+} 还原为 Cr^{3+}，再加入石灰或氢氧化钠将铬离子以氢氧化物沉淀的形式分离出。上述铁氧体法也可归为化学还原法。该方法的主要优点是技术成熟，操作简单，处理量大，投资少，在工程应用中有良好的效果，但是污泥量大，会产生二次污染。

化学还原法主要针对含铬电镀废水，其原理是在酸性条件下（pH ≈ 2），投加过量还原剂（如 $FeSO_4$、$NaHSO_3$、Na_2SO_3、SO_2、$Na_2S_2O_5$、铁粉、水合肼等）将 Cr^{6+} 还原为 Cr^{3+}，然后加入 NaOH 或石灰（pH≈7）进行 $Cr(OH)_3$ 沉淀分离，化学反应方程式如式（4.28）所示。其中，亚硫酸盐法具有投资少、操作简便、运行稳定且处理效果好等优点，适用于大水量含铬废水的处理。以二氧化硫作还原剂的化学还原法适用于处理浓度高、水量大的含铬废水，国内已经有工程实例，但是污泥量大，会产生二次污染。但由于含铬污泥属于危险废物，所以必须妥善保存。

酸性条件： $$Na_2S_2O_5 + H_2O = 2NaHSO_3 \tag{4.25}$$

$$2H_2Cr_2O_7 + 6NaHSO_3 + 3H_2SO_4 \Longrightarrow 2Cr_2(SO_4)_3 + 3Na_2SO_4 + 8H_2O \qquad (4.26)$$

$$2Cr^{6+} + 3HSO_3^- + 3H_2O \Longrightarrow 2Cr^{3+} + 3SO_4^{2-} + 9H^+ \qquad (4.27)$$

碱性条件：
$$Cr^{3+} + 3OH^- \Longrightarrow Cr(OH)_3 \downarrow \qquad (4.28)$$

$$Cr_2(SO_4)_3 + 6NaOH \longrightarrow 2Cr(OH)_3 + 3Na_2SO_4 \qquad (4.29)$$

电镀废水中的 Cr^{6+} 形态随 pH 变化而发生相应的改变。由 Cr^{6+} 水解平衡可知：pH<1 时，Cr^{6+} 以 H_2CrO_4 的形式存在；pH=1~5 时，Cr^{6+} 主要以 $HCrO_4^-$ 形式存在，且存在少量的 $Cr_2O_7^{2-}$；pH>5 时，CrO_4^{2-} 逐渐成为主要形式；pH>8 时，只有 CrO_4^{2-} 单一存在形式。因此含铬废水进水 pH 一定程度上会影响还原剂的选择。该方法的优点是处理后出水可以达标排放，并能回收利用氢氧化铬。

氧化还原法可以有效减少废渣的产生，有利于废水的后续处理，但部分还原剂，尤其是氯化钯价格昂贵、不易回收，且形成的镍沉积物不易分离提纯。

4.6　重金属螯合法

传统的化学沉淀法受络合剂影响较大，无法兼顾多种重金属离子，产生沉淀后还需回调废水的 pH，并且难以达到严格的排放标准。而重金属螯合法很好地解决了这些问题。重金属螯合法主要是针对电镀废水中络合态重金属，利用碱性条件下螯合剂与重金属形成不溶于水的高分子螯合盐，再利用絮凝剂使其沉淀分离，达到去除重金属离子的目的。由于其与重金属之间络合系数相对较高，因此可以实现其他络合盐（如 EDTA、NH_3、酒石酸盐、柠檬酸盐、焦磷酸盐等）共存条件下多种重金属离子的同时去除。

重金属螯合剂是指分子结构中含有 N、O、S、P 等配位原子，可以与重金属离子通过配位作用形成稳定螯合物的一类化合物。由于多数毒性重金属属于软酸或者交界酸，因此具有软碱特征的含 S 重金属螯合剂往往表现出最佳的处理效果。含 S 重金属螯合剂俗称有机硫类重金属螯合剂，根据其有效官能团种类可以划分为 DTC 类（二硫代氨基甲酸盐类）、黄原酸类、TMT 类（三巯三嗪三钠类）和 STC 类（三硫代碳酸钠类），其中 DTC 类重金属捕集剂应用最为广泛。

重金属螯合法的优点是操作简单，不受共存重金属离子的影响，可同时去除多种重金属，且不会出现返溶现象，去除效率高，污泥产量低，不会产生二次污染，缺点是成本较高，在实际应用中受到一定限制。

第 5 章 电镀废水物化处理技术

物理化学处理法是通过物理和化学的综合作用使废水得到净化的方法，适用于回收废水中特定的物质。常用的物理化学处理法包括离子交换法、吸附法、电解法、萃取法、高级氧化法、浓缩法和光催化法等。

5.1 离子交换法

离子交换法是通过离子交换剂功能基团上可交换离子与溶液中同性离子进行选择性交换反应，实现污染物置换、分离、去除、浓缩的技术，主要应用于含铬、含镍、含氟等低浓度电镀废水的处理。

根据母体材质的不同，离子交换剂可以分为无机离子交换剂和有机离子交换剂两大类。无机离子交换剂包括沸石及磺化煤等。有机离子交换剂是一种高分子聚合物电解质，也称为离子交换树脂，分为碳质和树脂交换两种类型。碳质离子交换体和磺化煤是煤粉经过硫酸处理后而成，属于阳离子交换剂。离子交换树脂则是由单体聚合或缩聚而成的人造树脂经化学处理后，再引入活性基团形成的聚合产物。离子交换树脂可以用于纯水制备、维生素提取、稀贵金属冶炼、抗生素提取和精制、作催化剂和抗菌剂，已广泛应用于冶金、化工、医药、国防、环保等各个领域。

1. 离子交换树脂的种类

按照离子交换树脂交换基团的不同，可以分为阳离子交换树脂和阴离子交换树脂。其中，带酸性活性基团能与阳离子进行交换的树脂称为阳离子交换树脂，带碱性活性基团能与阴离子进行交换的基团称为阴离子交换树脂。根据活性基团的酸碱强弱程度，阳离子交换树脂又分为强酸性阳离子交换树脂和弱酸性阳离子交换树脂。强酸性阳离子交换树脂含有大量的强酸性基团，如磺酸基（$-SO_3H$），它可以在溶液中离解出大量的 H^+，故呈强酸性。本体中的负电基团 SO_3^- 可以吸附溶液中的阳离子，使 H^+ 和阳离子互相交换。弱酸性阳离子交换树脂的活性基团呈弱酸性，如羧酸基（$-COOH$），在溶液中可以电离出部分 H^+，故呈弱酸性。阴离子交换树脂又分为强碱性阴离子交换树脂和弱碱性阴离子交换树脂。离子交换树脂的种类见表 5.1。

离子交换树脂的种类 表 5.1

树脂类型	树脂名称	代表基团	化学式	符号
阳离子交换树脂	强酸性阳离子交换树脂	磺酸基	$-SO_3H$	RH
	弱酸性阳离子交换树脂	羧酸基	$-COOH$	$R_{弱}H$
阴离子交换树脂	强碱性阳离子交换树脂	季铵基	$\equiv NOH$	ROH
	弱碱性阳离子交换树脂	叔铵基 仲铵基 伯铵基	$\equiv NHOH$ $=NH_2OH$ $-NH_3OH$	$R_{弱}OH$

2. 离子交换树脂的结构

离子交换树脂是具有交换能力的高聚合物电解质，主要由 3 部分组成：

（1）不溶性的三维空间网状结构构成的树脂骨架，使树脂具有化学稳定性和机械强度。

（2）与骨架相连的活性基团。

（3）与活性基团带相反电荷的可移动离子，称为活性离子，它可以与外部带相同电荷的离子发生离子交换。

以磺酸型阳离子交换树脂为例，离子交换树脂结构的简单表示为

$$R—SO_3^- H^+ \tag{5.1}$$

其中，R 为合成树脂母体；$—SO_3H$ 为活性基团；H^+ 为活性基团上的相反离子。

活性基团为阳离子，称为阳离子交换树脂，可与阳离子发生交换；活性基团为阴离子，称为阴离子交换树脂，可与阴离子发生交换。

3. 离子交换树脂的性能

（1）全交换容量。

全交换容量是指单位质量或体积的树脂理论上可交换离子的总量，单位是 mmol/g 或 $mmol/cm^3$。例如，1 g 的 001×7 强酸性阳离子交换树脂可交换 4.5 mmol 的总离子量，因此它的全交换容量为 4.5 mmol/g。

（2）工作交换容量。

工作交换容量是指单位质量或单位体积的树脂在动态工作中可交换的离子总量，一般由实验计算，单位是 mmol/g 或 $mmol/cm^3$。由于动态工作中的可交换离子无法被完全利用，存在交换平衡，所以工作交换容量远小于全交换容量。通常工作交换容量只有全交换容量的 40%～50%。

（3）交联度。

交联度是指树脂在制造过程中所使用的交联剂的质量占总树脂质量的比例。交联度对树脂的性能会产生很大的影响，主要表现在孔度、密度、溶胀度、含水率和机械强度等方面。

交联度越高，结构越紧密，密度越大，活性基团反应越难进行，交换量也越低。同时，含水率和溶胀度也越小，机械强度更高。水处理用的离子交换树脂的交联度一般为 7%～12%。

（4）溶胀度。

溶胀度又称转型膨胀率，是指离子交换树脂因吸收或释放水分（溶剂）导致体积变化的百分数。苯乙烯系阳树脂从 RNa 转型为 RH 时，溶胀度为 5%～10%。树脂的溶胀度除了与交联度密切相关外，也与交换量有关。交换量越大，吸水性越强，溶胀度也越高。

（5）选择性。

离子交换树脂的选择性与离子的种类和浓度及离子交换基团的性能有关。在天然水的离子浓度和温度条件下，离子交换选择性呈以下规律：

①对于强酸性阳离子树脂，与水中阳离子交换的选择性次序为

$$Fe^{3+} > Al^{3+} > Cr^{3+} > Ca^{2+} > Ni^{2+} > Cu^{2+} > Zn^{2+} > Mg^{2+} > K^+ = NH_4^+ > Na^+ > H^+ \tag{5.2}$$

即如采用 H 型（指树脂交换基团上的可交换离子为 H⁺）强酸性阳离子交换树脂，树脂上的 H⁺ 可以与水中以上排序在 H⁺ 左侧的各种阳离子交换，使水中只剩下 H⁺。如采用 Na 型（指树脂交换基团上的可交换离子为 Na⁺）强酸性阳离子树脂，树脂上 Na⁺ 可以与水中以上排序在 Na⁺ 左侧的各种阳离子交换，使水中只剩下 Na⁺ 离子。

②对于弱酸性阳离子交换树脂，H⁺ 的交换势最大，其他不变。

③对于强碱性阴离子树脂，与水中阴离子交换的选择性次序为

$$Cr_2O_7^{2-} > SO_4^{2-} > NO_3^- > Cl^- > HCO_3^- > OH^- > HSiO_3^- \tag{5.3}$$

即如采用 OH 型强碱性阴离子交换树脂（指树脂交换基团上的可交换离子为 OH⁻），树脂上的 OH⁻ 可以与水中以上排序在 H⁺ 左侧的各种阳离子交换，使水中只剩下 OH⁻ 离子。

④对于弱酸性阴离子交换树脂，OH⁻ 的交换势最大，其他不变。

4. 离子树脂交换反应

（1）阳离子交换树脂的交换反应。

阳离子交换树脂的交换反应有强酸性阳离子交换和弱酸性阳离子交换，分别以 R—SO₃H 和 R—COOH 为代表，其中，R 为母体，-SO₃H 和-COOH 为活性基团，H⁺ 为活性基团上的相反离子。它们均可以与无机或有机酸、碱、盐发生交换反应，并且这种反应均为可逆反应，在一定程度上会达到动态平衡。

强酸性阳离子交换可表示为

$$R-SO_3H + NaOH \rightleftharpoons RSO_3Na + H_2O \tag{5.4}$$
$$R-SO_3H + NaCl \rightleftharpoons RSO_3Na + HCl \tag{5.5}$$

弱酸性阳离子交换可表示为

$$RCOOH + NH_3 \cdot H_2O \rightleftharpoons RCOONH_4 + H_2O \tag{5.6}$$
$$RCOOH + NaCl \rightleftharpoons RCOONa + HCl \tag{5.7}$$

（2）阴离子交换树脂的交换反应。

阴离子交换树脂的交换反应分为强碱性阴离子交换和弱碱性阴离子交换，分别用 R≡NOH 和 R≡NH₃OH 代表，其中，R 为母体，≡NOH 和≡NH₃OH 为活性基团，OH⁻ 为活性基团上的相反离子。

强碱性阴离子交换可表示为

$$R\equiv NOH + HCl \rightleftharpoons R\equiv NCl + H_2O \tag{5.8}$$
$$R\equiv NOH + NaCl \rightleftharpoons R\equiv NCl + NaOH \tag{5.9}$$

弱碱性阴离子交换可表示为

$$R\equiv NH_3OH + CH_3COOH \rightleftharpoons R\equiv NH_3CH_3COO + H_2O \tag{5.10}$$
$$R\equiv NH_3OH + CH_3COONa \rightleftharpoons R\equiv NH_3CH_3COO + NaOH \tag{5.11}$$

5. 离子交换的运行

（1）离子交换运行的工艺流程。

离子交换运行通常在离子交换柱中进行，包括交换、反洗、再生、淋洗 4 个操作步骤（图 5.1）。

①交换：废水自上而下经过树脂层，经过离子交换后的出水从柱底排出。

②反洗：当树脂交换容量达到控制终点时，水流自上而下进入树脂层进行反洗，

去除树脂中的气泡和杂质，使树脂疏松，方便再生。

③再生：再生液自上而下（或自下而上）进入树脂层进行再生处理，处理后的洗脱液从底部排出，从而使树脂恢复再生能力。

④淋洗：通入清水将树脂层残余的再生液冲洗干净。

离子交换工序按照上述步骤反复进行。

（2）离子交换法的特点。

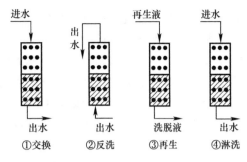

图 5.1　离子交换工艺流程

离子交换法的优点是树脂没有毒性，树脂可以反复再生使用，使用的有机溶剂较少，成本低，设备简单；缺点是生产周期较长，pH 变化范围较大，可能会影响成品质量。

6. 离子交换法的应用（表 5.2）

离子交换树脂是带有交换离子的活性基团，具有网状结构、不溶性的高分子化合物，通常是球形颗粒物。在实践中根据不同废水所应用的离子交换树脂是不同的，阳离子交换树脂对重金属有良好的吸附效果，一般离子交换树脂对于高价态离子吸附能力要好于低价态离子。需要注意的是，实际使用过程中离子交换树脂的使用环境和再生形式对于实际使用效果有较大影响。选用适用的离子交换树脂及合理的使用环境等，如表 5.2 所示，可以有效去除废水中的重金属离子，满足废水达标排放的要求。

离子交换法在电镀废水处理时的应用　　　　　　　　　　　　　　　表 5.2

废水种类	有害离子或化合物	离子交换树脂类型	废水出路	再生剂	再生液出路
电镀（铬）废水（镀件清洗水）	CrO_4^{2-}	大孔型阴离子交换树脂	循环使用	食盐或烧碱	用氢型阳离子交换树脂除钠后回用于生产
电镀废水	Cr^{3+}、Cu^{2+}	氢型强酸性阳离子交换树脂	循环使用	18%～20%硫酸	蒸发浓缩后回用

离子交换技术已经成为有效处理电镀废水并且回收某些高价值金属的重要手段，也是电镀废水实现闭路循环的重要组成环节。离子交换法在处理低浓度金属废水时，在处理效果和运行效果上较化学法更有优势。但是采用离子交换法的投资费用很高，系统设计和操作管理较为复杂，树脂易受污染或氧化失效，一般的中小型企业往往由于维修、管理等不善达不到预期的效果而难以适应，因此，离子交换法在推广应用上受到了一定的限制。

5.2　物化吸附法

物化吸附法是利用多孔性固相材料将废水中的重金属和有机污染物，通过物理、化学等作用转移至吸附剂的表面或孔道内，以达到水质净化的废水处理方法。其主要适用于低浓度电镀废水的处理，因此往往作为末端把关工序对前级处理过的净水作最后的净化吸附。物化吸附法的处理效果与固态材料的吸附容量和选择性等因素相关，因此，吸附剂的设计和筛选应从净化效率和运行成本等多角度综合考虑。

常用吸附剂包括活性炭、黏土矿物、腐殖酸等,其比表面积大、吸附能力强、孔道结构丰富。近年来新型吸附材料如金属氧化物、改性硅胶、改性碳质材料、树脂、硅酸钙水合物、造岩矿物、生物质及其炭化产物等也逐渐被开发利用,以脱除电镀废水中铜、铬、银、铅、镍、镉、锌等重金属和 COD 污染物。

活性炭属于广谱式吸附材料,其具有发达的孔隙结构和丰富的表面官能团,可通过分子间作用力强力吸附重金属和有机污染物,普遍应用于含铬、含镍等电镀废水的处理。活性炭具有吸附能力强、比表面积大、化学性质稳定、机械强度高、不易产生二次污染等优点。我国在 20 世纪 70 年代就把活性炭用于电镀废水的处理中,近年来更是受到了生产厂家和研究单位的普遍关注。

1. 活性炭的物理性质

活性炭是以碳为主的物质作为原料,还有少量的氧、氢、硫等元素以及水分和灰分,外观呈黑色,具有巨大的比表面积和发达的微孔构造,吸附能力强,吸附容量大。化学性质稳定,耐强酸、强碱。机械强度高,在高温高压下不易破碎。

目前国内在水处理方面普遍采用活性炭作为吸附剂。活性炭吸附剂有粒状、粉末状和木质纤维状 3 种,其中粒状活性炭由于制备简单、操作简便而使用最广。用于净水处理的活性炭的相关标准见表 5.3,主要指标包括碘吸附值、亚甲基蓝吸附值、比表面积、强度、pH、水分、灰分、堆积密度等。碘吸附值,简称碘值,代表微孔的吸附容量。亚甲基蓝吸附值,简称亚甲蓝值,代表活性炭对相应分子质量有机物的吸附容量。强度代表颗粒的硬度,强度越高,使用时间越长,更能经受反复冲洗、空气冲刷和水力输送的磨损。

用于净水处理的活性炭的相关标准 表 5.3

项目	煤质颗粒活性炭标准 (GB/T 7701.1—2008)	木质净水用活性炭标准 (GB/T 13803.2—1999)	
		一级品	二级品
碘吸附值(mg/g)	≥800	1000	900
亚甲基蓝吸附值(mg/g)	≥120	≥135	≥105
强度(%)	≥85	≥94.0	≥85.0
pH	6~10	—	—
水分(%)	≤5.0	≤10.0	≤10.0
灰分(%)	—	≤5.0	≤5.0

2. 活性炭处理含铬废水

(1)吸附作用。

活性炭表面存在大量的含氧基团,如羟基(—OH)、甲氧基(—OCH$_3$)等,是一种含有大量碳的有机物分子凝聚体。当 pH 为 3~4 时,这些含氧基团使微晶分子结构产生电子云，使得氧向苯核中碳原子方向移动，羟基上的氢产生较大的静电引力，因此可以吸附 $Cr_2O_7^{2-}$ 或 CrO_4^{2-} 等负离子，形成一个稳定的结构，可以用以下结构表示：

$$RC-OH + Cr_2O_7^{2-} \longrightarrow RC \longrightarrow O\cdots\cdots H^+ \cdots\cdots Cr_2O_7^{2-} \qquad (5.12)$$

其中，箭头代表电子密度移动方向，可见，活性炭对 Cr^{6+} 有明显的吸附效果。

随着 pH 的升高，水中的 OH^- 浓度增大，活性炭中的含氧基团对 OH^- 的吸附比较强，也能形成相对稳定的结构，可以用以下结构表示：

$$RC-OH + OH^- \longrightarrow RC \longrightarrow O\cdots\cdots H^+ \cdots\cdots OH^- \qquad (5.13)$$

含氧基与 OH^- 的亲和力大于 $Cr_2O_7^{2-}$ 的亲和力，当 pH$>$6 时，活性炭表面的吸附位置被 OH^- 夺取，活性炭对 Cr^{6+} 的吸附明显下降。用碱处理后，活性炭可达到再生的目的。随着 pH 下降，再次恢复其吸附 Cr^{6+} 的性能。

（2）还原作用。

活性炭对于铬除了具有吸附作用以外，还有还原作用。因此，活性炭在含铬废水的处理中，既可以作为吸附剂，也可以作为一种化学物质。在 pH$<$3 的酸性条件下，吸附在活性炭表面的 Cr^{6+} 可以被还原为 Cr^{3+}，反应式可表示为

$$3C + 4CrO_4^{2-} + 20H^+ \longrightarrow 3CO_2 \uparrow + 4Cr^{3+} + 10H_2O \qquad (5.14)$$

但在实际运行当中，当 pH$<$4 时，含铬废水经活性炭处理后的出水中也发现了 Cr^{3+}，表明在较低的 pH 条件下，活性炭起主要的还原作用。pH 越低，还原能力越强。利用此原理，当活性炭吸附铬达到饱和后，通入酸液，将其吸附的铬以 Cr^{3+} 的形式洗脱下来，以达到再生目的。

3. 活性炭的再生方法

当活性炭微孔被有机溶剂布满后，活性炭吸附效率明显下降。此时，活性炭必须进行再生或更换。目前活性炭的再生主要包括加热再生法、生物再生法、溶剂再生法、电化学再生法、超临界流体再生法和微波辐射再生法。

（1）加热再生法。

加热再生法是发展史最长应用最广泛的一种再生方法。加热再生过程是利用吸附饱和活性炭中的吸附质能够在高温下从活性炭孔隙中解吸的特点，使吸附质在高温下解吸，从而使活性炭原来被堵塞的孔隙打开，恢复其吸附性能。施加高温后，分子振动能增加，改变其吸附平衡关系，使吸附质分子脱离活性炭表面进入气相。加热再生由于能够分解多种多样的吸附质而具有通用性，而且再生彻底，一直是再生方法的主流。

加热再生法具有再生率高，再生时间短（颗粒活性炭 30~60 min，粉状活性炭几秒钟）等优点，但也有再生损失大（每次损失 3%~10%），运转条件严格，操作费用大等缺点。

（2）生物再生法。

生物再生法是利用微生物将活性炭表面吸附的有机污染物降解。生物再生法与污水处理中的生物法相类似，也有好氧法与厌氧法之分。由于活性炭本身的孔径很小，有的只有几纳米，微生物不能进入这样的孔隙，通常认为在再生过程中会发生细胞自溶现象，即细胞酶流至胞外，而活性炭对酶有吸附作用，因此在活性炭表面形成酶促中心，从而促进污染物分解，达到再生的目的。

活性炭生物再生的设备和工艺均比较简单，且方法本身对活性炭无危害作用。但是有机物氧化速度缓慢、再生时间长，吸附容量的恢复程度有限，更重要的是对吸附质具有一定选择性，生物不能降解的吸附质不能应用此法。

（3）溶剂再生法。

溶剂再生法是利用活性炭、溶剂与被吸附质三者之间的相平衡关系，通过改变温度、溶剂的 pH 等条件，打破吸附平衡，将吸附质从活性炭上脱附下来。根据所用溶剂的不同，可分为无机溶剂再生法和有机溶剂再生法。前者用无机酸（H_2SO_4、HCl 等）或碱（NaOH 等）作为再生溶剂，后者用苯、丙酮及甲醇等有机溶剂萃取吸附在活性炭上的吸附质。

溶剂再生法一般比较适用于那些可逆吸附，如对高浓度、低沸点有机废水的吸附。它的针对性较强，往往一种溶剂只能脱附某些污染物，而水处理过程中的污染物种类繁多，变化不定，因此一种特定溶剂的应用范围较窄。溶剂再生法再生效率较低，只能达到 60%～70%，而且会带来二次污染，应用受到限制。

（4）电化学再生法。

电化学再生法将活性炭填充在两个主电极之间，在电解液中加以直流电场，活性炭在电场作用下极化，一端呈阳极，另一端呈阴极，形成微电解槽，在活性炭的阴极部位和阳极部位可分别发生还原反应和氧化反应，吸附在活性炭上的污染物大部分被分解，小部分因电泳力作用发生脱附而使活性炭再生。

电化学再生法操作方便且效率高、能耗低、炭损失少，受处理对象局限小，可以避免二次污染。但是再生活性炭的吸附性能随再生次数的增加而略有下降。

（5）超临界流体再生法。

许多物质在常温常压下对某些物质的溶解能力极小，而在亚临界状态或超临界状态下却具有异常大的溶解能力。在超临界状态下，稍改变压力，溶解度会产生数量级的变化。利用这种性质，可以把超临界流体作为萃取剂，通过调节操作压力来实现溶质的分离，即超临界流体萃取技术。超临界流体（SCF）的特殊性质和其技术原理确定了它用于再生活性炭的可再生性，二氧化碳的临界温度为 31 ℃，近于常温，临界压力（7.18MPa）不甚高，具有无毒、不可燃、不污染环境以及易获得超临界状态等优点，是超临界流体萃取技术应用中首选的萃取剂。

理论分析和实验结果证明，SCF 再生方法具有以下优点：温度低，SCF 吸附操作不改变污染物的化学性质和活性炭的原有结构，在吸附性能方面可以保持与新鲜活性炭一样；在 SCF 再生中，活性炭无任何损耗；SCF 再生可以方便地收集污染物，利于重新利用或集中焚烧，切断了二次污染；SCF 再生可以将干燥、脱除有机物连续操作化，做到一步完成。

（6）微波辐射再生法。

当微波遇到不同材料时，会产生反射、吸收和穿透现象，这取决于材料的介电常数、介质损耗系数、比热、形状和含水量等特性。大多数导体能反射微波，在微波系统中，导体用来传播和反射微波能量，而绝缘体则可以将微波部分反射或被穿透，所以其吸收微波的功率小，介质的性能介于金属和绝缘体之间，具有吸收、穿透和反射微波的性能。故在微波加热系统中，被处理的物料通常是吸收微波能量的介质即有耗介质或极性介质。

微波加热技术的优越性主要表现在：加热均匀，不需经过中间媒体，微波场中无温度梯度存在，故热效率高；加热速度快，只需常规方法的 1/100～1/ 10 的时间就可以完成；改善劳动环境和劳动作业条件；由于微波能透入物料内部进行加热，物料的升温不依靠热介质由物料表面向里层传热，物料升温速度快 ，且由于物料表面物质的蒸发而使得物料表面温度略低于内部温度，使得整个物料的温度呈负的温度梯度状态（即内部温度高，外部温度低），与脱附时物料内的浓度梯度的方向一致。

吸附剂来源广泛，制造低廉，重金属吸附饱和后可以不用再生。吸附法主要处理低浓度的电镀废水，该法处理电镀重金属废水的出水不能达到回用标准，一般用作预处理。

物化吸附法的缺点在于：处理过程易受到其他离子的影响，不适合复杂废水的处理；吸附剂再生费用高，再生过程困难；吸附仅是污染物的浓缩转移，额外需要降解处理，增加处理成本，如不及时处理，还会造成二次污染。

由于吸附剂吸附容量有限，吸附周期相对较短，同时需要通过高温烧结、洗涤等方法进行再生，因而难以适应高浓度难降解废液的处理，且脱附再生后吸附能力均有所降低。

5.3　电解处理法

电解处理法是利用废水中的污染物质在阴、阳两极上通过电解过程分别发生氧化和还原反应，从而转化成无害物质；或利用电极的氧化和还原产物与废水中的污染物质发生化学反应，生成不溶于水的沉淀，以与水体分离，减少污染物含量。在电流作用下，废水中的重金属离子和有机污染物经过氧化还原、分解、沉淀、气浮等一系列反应而得到去除。该方法的主要优点是去除速率快，可以完全打断配合态金属连接，易于回收重金属，占地面积小，污泥量少，但是其极板消耗快，耗电量大，对低浓度电镀废水的去除效果不佳，只适合中小规模的电镀废水的处理；其劣势在于能耗高，电耗和铁耗均高，对高浓度含铬废水产生污泥量太多不适用，同时对含氰废水处理也不理想（含氰废水的处理仍要用化学法）。

1. 电解法处理含铬废水

（1）基本原理。

电解法处理含铬废水，以铁板做阳极和阴极，在直流电作用下，铁阳极不断溶解产生亚铁离子，在酸性条件下，六价铬被还原为三价铬，同时亚铁离子被氧化成三价铁离子，主要反应如下：

阳极反应：

$$Fe - 2e^- \longrightarrow Fe^{2+} \tag{5.15}$$

$$Cr_2O_7^{2-} + 6Fe^{2+} + 14H^+ \longrightarrow 2Cr^{3+} + 6Fe^{3+} + 7H_2O \tag{5.16}$$

$$CrO_4^{2-} + 3Fe^{2+} + 8H^+ \longrightarrow Cr^{3+} + 3Fe^{3+} + 4H_2O \tag{5.17}$$

阴极反应：

$$2H^+ + 2e^- \longrightarrow H_2 \uparrow \tag{5.18}$$

$$Cr_2O_7^{2-} + 6e^- + 14H^+ \longrightarrow 2Cr^{3+} + 7H_2O \tag{5.19}$$

$$CrO_4^{2-} + 3e^- + 8H^+ \longrightarrow Cr^{3+} + 4H_2O \tag{5.20}$$

阴极上六价铬还原为三价铬主要是由于亚铁离子的存在，但是还原作用却很微弱。电解法处理含铬废水实质上可以看作是一种间接的氧化还原反应过程。

随着反应的进行，H^+ 被不断地消耗，pH 不断地升高，溶液逐渐从酸性变为碱性，溶液中的 Cr^{3+} 和 Fe^{3+} 会形成氢氧化物沉淀，反应如下：

$$Cr^{3+} + 3OH^- \longrightarrow Cr(OH)_3 \downarrow \tag{5.21}$$

$$Fe^{3+} + 3OH^- \longrightarrow Fe(OH)_3 \downarrow \tag{5.22}$$

通过上述反应可以看出，铁阳极的正常溶解是废水净化的关键因素之一。铁阳极溶解产生的亚铁离子除了还原作用外，还能与氢氧化铬发生凝聚和吸附作用，加速沉淀，提高废水的固液分离效果。

（2）工艺流程。

电解法处理含铬废水的工艺流程应根据现场条件、处理方式和处理要求等因素综合考虑，但一般都可采用如图 5.2 所示的工艺流程。

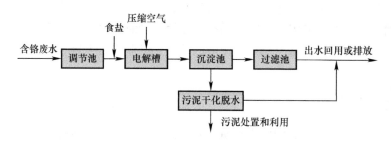

图 5.2　电解法处理含铬废水工艺流程

生产车间排放的含铬废水经过调节池处理后，进入电解槽，向电解槽中通入食盐，并用压缩空气搅拌，含铬废水发生电化学反应，使六价铬还原为三价铬并形成氢氧化铬沉淀，废水进入沉淀池后固液分离。如对废水处理要求高，在沉淀池后面设置过滤池，出水和污泥干化脱水一起排放或循环利用。沉淀池中的污泥排入污泥干化场脱水干化。

2. 电解法处理含氰废水

（1）基本原理。

含氰废水的电解处理是以不溶性的石墨为阳极，铁板为阴极，在直流电的作用下，把简单氰化物和配合氰化物氧化成二氧化碳和氮气。其原理如下：

阳极反应：

$$CN^- + 2OH^- - 2e^- \longrightarrow CNO^- + H_2O \tag{5.23}$$

$$2CNO^- + 4OH^- - 6e^- \longrightarrow 2CO_2 \uparrow + N_2 \uparrow + 2H_2O \tag{5.24}$$

$$CNO^- + 2H_2O \longrightarrow NH_4^+ + CO_3^{2-} \tag{5.25}$$

对配位氰化物，反应过程如下（以铜为例）：

$$Cu(CN)_3^{2-} + 6OH^- - 6e^- \longrightarrow Cu^+ + 3CNO^- + 3H_2O \tag{5.26}$$

$$Cu(CN)_3^{2-} \longrightarrow Cu^+ + 3CN^- \tag{5.27}$$

阴极反应：

$$2H^+ + 2e \longrightarrow H_2 \uparrow \tag{5.28}$$

$$Cu^{2+} + 2e \longrightarrow Cu \tag{5.29}$$

$$Cu^{2+} + 2OH^- \longrightarrow Cu(OH)_2 \downarrow \tag{5.30}$$

（2）工艺流程。

电解法处理含氰废水以不溶性石墨为阳极，铁板为阴极，在直流电作用下，废水中的氰根在阳极被氧化成无毒物质。电解法处理含氰废水的工艺流程如图 5.3 所示。

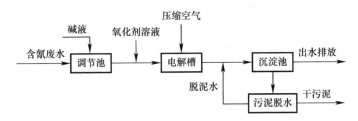

图 5.3 电解法处理含氰废水的工艺流程

电解法处理含氰废水比处理含铬废水产生的沉淀物要少得多，当污染物浓度较低或悬浮物较少时，电解池的出水可以不经沉淀和过滤而直接排放，无须设置沉淀池和污泥干化场。当废水中同时存在两种物质时，可合并使用沉淀池和污泥干化场。含氰废水处理工艺与含铬废水基本相同，需视实际水质情况而定。

3. 电解法的其他类型

电解法主要有电絮凝法、微电解法、内电解法等。

电絮凝法是通过铁板或铝板作为阳极，电解时产生 Fe^{2+}、Fe^{3+} 或 Al^{3+}，随着电解的进行，溶液碱性增大，形成 $Fe(OH)_2$、$Fe(OH)_3$、$Al(OH)_3$，通过絮凝沉淀去除污染物。由于传统的电絮凝法经过长时间的操作，会使电极板发生钝化，近年来高压脉冲电絮凝法逐渐替代传统的电絮凝法，它不仅克服了极板钝化的问题，而且电流效率提高 20%～30%，电解时间缩短 30%～40%，节省电能 30%～40%，污泥产生量少，对重金属的去除率可达 96%～99%。

微电解法是建立在 Fe、Al 等金属物质的电化学腐蚀基础上，将金属和碳等物质放在污水中形成原电池来分解废水中的有机物，从而使废水水质得到净化的过程。它是一个集絮凝、吸附、氧化及沉淀等多种效果综合的结果。例如，将铁屑或者铁屑-碳粒浸泡在废水中形成无数组原电池，其中铁是阳极材料在废水中被腐蚀，而碳是阴极材料，电极反应如下：微电解法是利用原电池反应的电化学原理，通过在电镀废水中添加不同电极活性的金属或金属与非金属物质，使之形成原电池而对废水进行处理的一种电化学方法。

内电解法是利用铁-碳粒在电解质溶液中腐蚀形成的内电解过程处理废水的一种电化学技术。该技术集氧化还原、絮凝、吸附作用于一身，具有作用机制多、协同性强、综合效果好、操作简便、投资少、运行费用低的特点。重庆托尔阿诗环保公司开发了铁屑内电解法处理综合电镀废水技术，利用工业废铁屑为主要原料处理废水，原料广泛，材料利用率高，无须更换。本技术采用内电解作用（即不通电的电解），节约能源，简化了处理流程，处理效果好，污泥量少，操作管理简便。

5.4 溶剂萃取法

溶剂萃取法是分离和净化物质常用的方法，通过向水中加入不溶于水的萃取剂，使水中的溶质扩散转溶于萃取剂中，直到溶质在两种液相中达到平衡，然后分离废水和萃取剂达到水体净化的目的。萃取剂与溶质分离后，萃取剂再生可重复使用，被分离的溶质得到回收。

萃取剂是萃取效果的关键，对萃取剂的选择要求如下：

（1）萃取剂对被萃取物有较高的溶解度。

（2）萃取剂应不溶或难溶于水，以减少萃取剂的流失，避免产生新污染。

（3）萃取剂容易与水分离，如萃取剂与水的密度差要大，黏度要低。

（4）萃取剂要易于再生。

（5）萃取剂要有足够的化学稳定性，不与被处理物质产生化学反应，不易挥发，对设备的腐蚀性小，毒性小。

（6）来源方便，价格低。

常见的萃取剂有磷酸三丁酯、二甲庚基乙酰胺、三辛基氧化磷、伯胺、三辛胺、油酸和亚油酸等。

萃取过程分混合、分离和回收 3 个过程。该法是液-液接触，可连续操作，分离效果较好。用溶剂萃取法从含氰废水中提取锌、铜的研究多有报道。用体积分数为 40% 的磷酸三丁酯-煤油溶液为萃取剂处理含铬废水，Cr（Ⅵ）的萃取率可达 99% 以上，萃余液可达标排放。

溶剂萃取法处理电镀废水设备简单，操作简便，萃取剂中重金属离子含量高，有利于进一步回收利用。溶剂萃取法是很有发展前途的处理方法。溶剂萃取法要达到较好效果的关键是选取具有高选择性的萃取剂。由于溶剂在萃取过程中的流失和再生过程中耗能大，该法的推广受到限制。

5.5 高级氧化法

利用高级氧化法预先破坏重金属-有机物络合结构，在降解矿化有机物配体的同时释放游离态重金属离子，继而通过沉淀或吸附等常规方法去除或回收重金属已成为当前重金属-有机络合物处理的主流策略。根据自由基产生的方式和条件等不同，高级氧化法可大致分为 Fenton 氧化法、臭氧氧化法、电催化高级氧化技术、光催化氧化技术、湿式空气氧化法、催化湿式空气氧化法、电化学氧化法及光化学氧化法。

1. Fenton 氧化法

Fenton 氧化主要基于羟基自由基反应理论，以 Fe^{2+} 为均相催化剂催化 H_2O_2 分解产生高反应活性羟基自由基，进而进行加成、取代、电子转移等作用氧化降解有机污染物，其反应机理为

$$Fe^{2+} + H_2O_2 \longrightarrow Fe^{3+} + OH \cdot + OH^- \text{（链引发）} \tag{5.31}$$

$$Fe^{2+} + OH \cdot \longrightarrow Fe^{3+} + OH^- \text{（链终止）} \tag{5.32}$$

$$Fe^{3+} + H_2O_2 \longrightarrow Fe^{2+} + H^+ + HO_2 \cdot \tag{5.33}$$

$$Fe^{3+} + HO_2 \cdot \longrightarrow Fe^{2+} + O_2 + H^+ \tag{5.34}$$

$$OH \cdot + RX \longrightarrow RX \cdot^+ + OH^- \tag{5.35}$$

$$OH \cdot + RH \longrightarrow R \cdot + H_2O \tag{5.36}$$

$$OH \cdot + RHX \longrightarrow RHX(OH) \tag{5.37}$$

$$H_2O_2 + OH \cdot \longrightarrow H_2O + HO_2 \cdot \tag{5.38}$$

Fenton 氧化法在废水处理中应用时，可作为单独技术处理废水或与其他工艺联用作为预处理或深化处理技术。在传统 Fenton 氧化法的基础上引进了各种其他催化剂以加强自由基产生，如将紫外光、微波、超声波及其他过渡金属等加入 Fenton 体系中。

1894 年，英国科学家 Fenton 发现在酸性条件下，同时含有亚铁离子和双氧水可以有效地氧化多种有机物比如酒石酸，发生的主要反应为

$$2H^+ + C_4H_6O_6 + 2Fe^{2+} + 6H_2O_2 \longrightarrow 4CO_2 + 10H_2O + 2Fe^{3+} \tag{5.39}$$

双氧水在 Fe^{3+} 的存在下，能高效地分解水体中的有机污染物，使其最终矿化为 CO_2、H_2O 及无机盐类小分子物质，与此同时，Fenton 试剂中的亚铁离子也进行着铁循环，在此假设我们要利用 Fenton 降解的污染物为 O、反应中间产物为 P，通常溶液中发生的反应主要如下：

$$Fe^{2+} + H_2O_2 \longrightarrow 2Fe^{3+} + \cdot OH + OH^- \tag{5.40}$$

$$Fe^{2+} + H_2O_2 \longrightarrow 2Fe^{3+} + \cdot OOH + H^+ \tag{5.41}$$

$$O + \cdot OH \longrightarrow P \tag{5.42}$$

2. 臭氧氧化法

臭氧（O_3）是一种氧化性仅次于氟（F）的强氧化剂。其主要氧化机理可分为直接氧化及间接氧化两种方式。利用臭氧分子自身的强氧化性直接作用于污染物称为直接氧化；通过臭氧分子在水溶液中生成的具有强氧化能力的羟基自由基（·OH）降解污染物的过程为间接氧化。一般而言臭氧对有机物在酸性条件下的氧化作用是直接氧化；而在碱性条件下，臭氧对污染物的降解去除通常为直接氧化与间接氧化的共同作用。

臭氧氧化技术因具有氧化能力强、反应速度快和二次污染少等特点，已广泛应用于工业废水处理中，其既适用于处理具有高 COD、生化需氧量、高色度及臭味的造纸和染料废水，同时也能够降解含有抗生素、氰化物等有机物的制药和电镀废水。臭氧通过与污染物质进行直接或链式反应，能够较大程度上提高废水的可生化性，有利于后续工艺的进一步处理。相比其他高级氧化技术，臭氧氧化技术具有受废水酸碱条件限制较小、二次污染及污泥产生量少等优点。

但是从目前实际情况来看，臭氧来源能耗较大，需要耗费大量的电力，且臭氧的有效利用率还有待提升。因此，臭氧氧化法的进一步推广和应用对于工业废水处理具有重要的意义。臭氧氧化法可分为直接氧化法和间接氧化法。直接氧化法对于含有双键的有机物分子，偶极性的臭氧可以直接攻击双键位置发生选择性的加成反应进而降解有机物；而间接氧化为臭氧分解生成氧化性极高的羟基自由基，可促使染料中发色基团的不饱和键断裂，生成无色的醛、酸等小分子有机物以达到脱色和降解的目的。

3. 电催化高级氧化技术

电催化高级氧化技术（AEOP）区别于传统电化学法降解废水，主要是借助高催化活性材料的电极，在常温常压下就可以在电极反应中生成具有强氧化性的羟基自由基（·OH），进而降解水中的难降解物质，达到去除污染物的目的。

根据污染物形式的不同，一般将电催化高级氧化法分为阳极氧化过程和阴极还原过程。阳极氧化对阳极的电极材料要求较高，需要电极耐腐蚀，稳定性好，还需要具有高的析氧过电位，传统的石墨、Pt 电极具有高析氧过电位但容易在反应中消耗而钝化，因此需要开发新的阳极材料保证电化学反应的持续高效运行。

阳极催化氧化按反应过程可分为直接过程和间接过程。其中阳极直接氧化是指污染物在阳极表面氧化而转化成毒性较低的物质或生物易降解物质，从而达到削减污染物的目的。阳极间接氧化是氧化过程中产生的强氧化性中间体或者自由基对污染物进行降解。阴极还原过程是在适当电极和外加电压下，通过阴极的直接还原作用降解有机物的过程；也可利用阴极的还原作用，产生 H_2O_2，再通过外加试剂发生 Fenton 反应，从而产生·OH 降解有机物（电 Fenton 反应）。

4. 光催化氧化技术

自 1972 年 Honda 等在半导体氧化钛电极上发现了光催化裂解水的反应，由此拉开了多向光催化新时代的大幕。Carey 等在 1976 年研究了紫外光照条件下多氯联苯的催化降解；1989 年 K. Tanaka 等发现有机物半导体光催化过程由自由基引起，通过外加过氧化氢的方式可以提高降解效率。尤其是随着纳米技术的愈发成熟，光催化纳米半导体技术作为一种新型的环境治理技术，因其能耗低、反应条件温和、能有效地降解许多用其他方法难以降解的物质，达到完全无害化，成为人们新的研究重点。

光催化反应技术通常是指通过一定强度的光照射到废水中的催化剂而产生羟基自由基（·OH），从而将大分子有机物逐渐被分解为小分子中间产物并最终变成 H_2O、CO_2、离子等小分子稳定物质的过程。光解反应按照过程可分为直接光解和间接光解，其中直接光解主要是一些光敏物质吸收了光照后自行可以进行分解反应，成为小分子物质；间接光解主要是依靠光催化体系中的某些物质能够吸收光照发生光化学反应，生成具有强降解能力的中间产物再进一步降解污染物。

光催化氧化技术在反应比较温和的条件下，可以有效地降解芳烃、不饱和有机物、芳香化合物等，但是不能彻底降解有机物，且催化剂进入废水后不易回收，并可能产生二次污染。

5. 湿式空气氧化法

湿式空气氧化（Wet Air Oxidation，WAO，简称湿式氧化）法是从 20 世纪 50 年代发展起来的一种高级氧化技术，该技术是在高温（120～350 ℃）和高压（0.5～20 MPa）的操作条件下，在液相中用氧气或空气作为氧化剂，氧化降解水中呈溶解态或悬浮态的有机物以及还原态的无机物的一种处理方法。与其他工艺相比，WAO 不产生 NO_x、SO_2、HCl、二噁英、呋喃、飞灰等有害物质，而且能量消耗少，还可以回收能量和有用物料。

WAO 法的主要缺点是需要在高温高压的条件下进行，要求设备能够耐高温高压并耐腐蚀，而且不能实现有机物的完全矿化，因为废水中本身存在或者反应过程中产生的低分子量含氧化合物，在氧化过程中难以进一步转化。对于多氯联苯等结构稳定的化合物，WAO 法的去除率也不理想，而且在氧化过程中可能产生某些毒性更强的中间产物。另外，含氮有机化合物大多转化为氨，在 WAO 系统中难以去除。

6. 催化湿式空气氧化法

催化湿式空气氧化（Catalytic Wet Air Oxidation，CWAO，简称催化湿式氧化）法是在 WAO 基础上于 20 世纪 80 年代中期发展起来的一种治理高浓度有机废水的技术，是在一定的温度、压力和催化剂的作用下，经空气氧化，使污水中的有机物及含氮物质分别氧化分解成 CO_2、H_2O 及 N_2 等无害物质，达到净化废水的目的。催化剂的使用可显著降低反应的活化能，从而提高反应速率和产物的选择性，因此研究和开发新型高效催化剂对于推广 CWAO 法在各种有毒有害废水处理中的应用具有较高的实用价值。

催化湿式过氧化氢氧化（Catalytic Wet Peroxide Oxidation，CWPO）法是以传统催化湿式氧化和 Fenton 氧化法为基础，通过催化剂诱导氧化剂产生羟基自由基的新型高级氧化技术。其在一定温度压力条件下，以过氧化氢、空气等为氧化剂，通过加入适宜的催化剂诱导产生强氧化能力的羟基自由基，从而将有机物在水相中矿化分解成 CO_2 和 H_2O。

7. 电化学氧化法

电化学氧化法通常是指在外加电场的作用下，污染组分在电化学反应器中通过物理、化学及电化学作用而被降解的过程。其按照与污染物的作用原理的不同可分为直接氧化和间接氧化。直接氧化作用是指直接利用反应器中高氧化电势进行对污染物进行氧化降解的过程，有机物与电极之间可直接发生电子传递作用；间接氧化作用是指污染组分与电化学反应过程中所产生的氧化还原类物质（如氯酸盐、次氯酸盐、$HO_2 \cdot$、O^{2-}、$\cdot OH$）等进行反应被降解的过程。

8. 光化学氧化法

光化学氧化法是指污染物在光的辐射下逐步无机化为小分子二氧化碳和水分子的过程。在反应过程中有催化剂参与反应的光化学氧化反应又被称为光催化氧化过程。光催化氧化反应又可分为均相光催化反应与非均相光催化反应两种类型。目前有关均相光催化氧化反应研究的主要是 UV 芬顿法；非均相光催化氧化法研究的主要是半导体光催化氧化法，常见催化剂有 TiO_2、ZnS、CdS 等金属氧化物及其硫化物等。但目前由于该技术的催化剂效率通常不高，处理能力弱，因而受到限制未被推广。

5.6　电吸附技术

电吸附技术，又称电容去离子技术，是利用带电电极表面吸附水中离子及带电粒子，使水中溶解的盐类和其他带电物质在电极表面富集浓缩而实现水的净化和盐的去除。与电渗析技术相比，其对进水水质要求较低，具有产水量高、除盐程度适中、操作维护简便以及能耗低、稳定性好等特点。

1. 电吸附原理

电吸附过程分为吸附过程和脱附过程两部分。电吸附原理示意图如图 5.4 所示，待处理水通过多孔电极时，会受到系统施加的电场力。当电极上的带电电荷进入溶液中时，溶液中的离子会被重新分布与排列。与此同时，在库仑力的作用下，带电电极与溶液的界面会被反离子占据，界面剩余电荷的变化会引起界面双层电位差的变化，从而在电极和电解质界面形成致密的双电层（Electric Double Layer，EDL）。溶液中阴阳离子逐渐迁移到极性相反的电极板上，最终被吸附在材料表面，达到脱除污染物的目的。随着反应的进行，吸附在电极表面的离子达到饱和，需对吸附材料进行脱附再生。一般采取极性对调或短路的方式进行脱附，使得吸附在材料表面上的离子通过电场排斥回到溶液中，最终生成浓水排出，达到脱附的目的。

2. 电吸附结构

电吸附装置一般包括一对多孔电极、隔板（开放的通道或者是多孔介质材料）以及吸附材料。多孔电极对带有施加的电压差一般为 $1.0 \sim 1.4$ V（又称电池电压或者充电

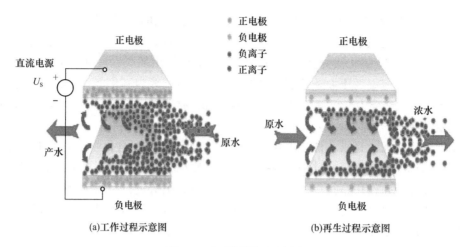

(a)工作过程示意图　　　　　　　(b)再生过程示意图

图5.4　电吸附原理示意图

电压）。电极所携带的电荷不仅吸附携带反电荷的离子，同时还需排斥同电荷离子，这会造成吸附效率较低。为避免此问题发生，通常会在传统装置的基础上加入阴阳离子交换膜，这样的装置又称为膜电容去离子技术（MCDI）。MCDI装置结构示意图如图5.5所示。

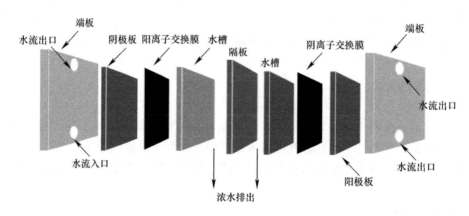

图5.5　MCDI装置结构示意图

3. 电吸附工作流程

浓水由底部的进水口进入，顶部的出水口流出，这样可使溶液在系统内充分吸附。浓水进入系统后，在电场力驱动下，阴阳离子定向移动；与此同时，阴阳离子交换膜筛分离子，最终吸附在材料表面，达到去除盐离子的目的，这一过程称为电吸附过程；之后通过改变外部电源或极性反转实现放电，此时盐离子从吸附材料中分离，汇入溶液当中。生成的浓水被排至浓水池集中处理这一过程称为脱附再生过程。电吸附工作过程如图5.6所示。

虽然电极吸附技术在诸多水处理领域得到了很大的发展，但对其理论的深度探讨仍然有所欠缺，尤其是实现技术突破关键的电吸附机理与模型的深入研究。另外，电吸附技术稳定性较差、运行周期短、电流效率低、电极电阻较大等问题，使得其在水处理领域大规模运用受到一定的限制。

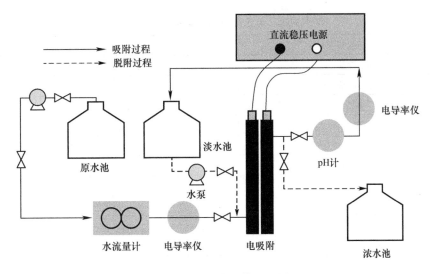

图 5.6　电吸附工作过程图

5.7　气浮法

气浮法是在水中通入或产生大量的微细气泡，使其附着在悬浮颗粒上，造成密度小于水的状态，利用浮力原理使它浮在水面上，从而使固液分离的方法。气浮法是一种高效、快速的固液分离技术。其中的溶气气浮法是使空气在一定压力下溶于水中并达到饱和状态再进行气浮的废水处理方法。最常见的气浮法为离子浮选法，该方法 20 世纪 50 年代末由 Sebba 教授提出来，在矿业工程、湿法冶金、废水处理及化工领域得到广泛发展。

1. 离子浮选法的原理

离子浮选法有两种原理，一种是将与欲浮选出的离子电性相反的表面活性剂（捕收剂）加入溶液中，起泡后，表面活性剂与该离子发生反应，形成不溶于水的化合物附着在气泡上，浮在水面形成固体浮渣，然后将固体干渣和泡沫一起捕获进行分离；另一种是添加能与废水中欲处理的离子形成配合物或螯合物的表面活性剂，使溶液起泡形成泡沫，被处理的元素富集于泡沫再进行分离。这两种原理的差别在于，前者形成固相，而后者则不形成固相。该方法的特点是可以从很稀的废水中有选择地回收各种无机金属离子和有机离子。

2. 表面活性剂

表面活性剂的性能和用量在很大程度上决定了离子浮选过程的好坏。在选择离子浮选捕收剂时，必须遵守以下两个原则：一是捕收剂应该与被捕离子带相反的电荷，即浮选阳离子应选用阴离子捕收剂，浮选阴离子则应选用阳离子捕收剂；二是要求捕收剂烃链有足够的长度，一般碳原子的数目要大于 8（对于那些能形成多核离子的阳离子除外）。捕收剂的用量与目的离子的浓度有直接关系，根据经验，捕收剂用量一般为理论用量的 1.5～2 倍。但捕收剂浓度也不能过高，以防生成胶束而降低回收率。

表 5.4 列出了常用的离子浮选捕收剂及其可选别离子，可根据此表采用不同的捕收剂来选择性地捕收目的金属离子。

常用的离子浮选捕收剂及其可选别的离子 表 5.4

离子浮选捕收剂	可选别离子
烷基磺酸盐	镍、钴、铜、镉、汞等离子
烷基芳基碳酸盐	铜离子
十二苯磺酸盐	铜离子
十六烷基聚胺	铜、镉离子
硝基烷基胺	钼离子
十六烷基胺	钼离子
棕榈酸钠	钴离子、钴铵络离子
月桂酸砒啶氯化物	钴氰络合物
十二烷基丙二酸二钠	镉、锌、镍离子
十六烷基丙二酸二钠	锌、铅、镍离子
十八烷基丙二酸二钠	锌、铅、镍离子
α— 硫代烷基酸	锶、铝、钒、镁、钙、钡等离子
聚乙胺	镉、铬、锰、汞离子
月桂酸钾	铜离子、铜铵络离子
十六烷基吡啶	铁离子、锌盐络离子
双十二烷基二甲基铵氯化物	亚铁氰离子、铁氰酸离子
十二烷基铵氯化物	铬酸离子、钒酸离子、银氰络离子
O— 羟基苯丁基苯磺酸钠	锶离子
十六烷基三甲基溴化胺	铁氰离子、铬酸离子
油酸钠	铈、钌、锆离子
葵酸钠	钪、镧离子
双羟酸	铀离子
季铵氯化物	铀离子
十八碳季铵氯化物	铟离子

3. 离子浮选装置图

离子浮选装置示意图如图 5.7 所示，往重金属废水中通入气体和表面活性剂，废水中的胶体颗粒会附着在气泡表面，随气泡的上浮从而实现将依附在粒子上的重金属加以分离。该方法的优势：去除粒子的效果好，操作方便，价格低。在某些特定的情况下，既可消除重金属污染，又可回收金属，并且还能避开某些碳酸盐或重金属氢氧化物过滤困难的问题。离子浮选最大的缺点就是捕收剂的用量大，过程较难控制。此外，在进行离子浮选时，所选择的捕收剂大部分具有起泡性，易造成在浮选过程中产生大量气泡，且气泡的表面能较大，不易破裂，使所得泡沫产品在进行后续作业时要经

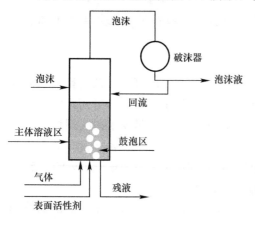

图 5.7 离子浮选装置示意图

过进一步的处理，从而增加工作量。实际使用时气浮分离不彻底，且运行管理不便，到 20 世纪 90 年代末，气浮法应用越来越少。

4. 离子浮选法的应用

（1）离子浮选法在矿业工程中的应用研究。

在矿业工程中，离子浮选技术常与浸出等工艺联合使用来回收一些稀浸出液的金属离子，也用于矿山尾矿废水的处理，所得浮选作业回收率均较高。目前研究得较多的有铜离子、钼离子、镉离子、铬离子、锆离子、铀离子以及一些稀土离子等。

（2）离子浮选法在湿法冶金工业中的应用研究。

在湿法冶金工业中，离子浮选法主要用于去除一些杂质元素以提高产品的纯度，另外还可用于处理电镀废水。

（3）离子浮选法在废水处理中的应用研究。

离子浮选法在废水处理上的应用主要是废水中有害离子的去除和废水的脱色。废水中需要除去的有害离子主要是一些重金属离子和具有放射性或毒性的离子，废水脱色主要是脱除一些显色离子。从现有研究状况来看，经过离子浮选法处理后的废水均符合国家标准，可直接排放。

（4）离子浮选法在化工方面的应用研究。

在化工方面，离子浮选-分光光度法可用于定量分析溶液中的微量元素。该方法的优点是显色和富集同时完成，简便快速，且选择性和浓集倍数远高于萃取分离法。

（5）回收离子浮选表面活性剂的研究。

离子浮选法的缺点是捕收剂价格昂贵且用量大。目前对捕收剂的回收主要有以下几种方法：采用碱法回收黄药类捕收剂的黄原酸根离子，有时也用到硫化法；通过碱溶液热处理再生、回收阳离子胺类捕收剂；采用加无机盐反应并联合树脂吸附-萃取工艺的方法回收某些其他类捕收剂。

5.8　蒸发浓缩法

蒸发浓缩法的重点是利用蒸发的形式对重金属电镀废水进行处理，使其溶液获得持续的浓缩，最后对其开展回收和利用。蒸发浓缩法通常适用于处理含铜离子、银离子、铬离子以及镍离子的电镀废水。在电镀工业中一般选取蒸发浓缩法和其他策略连用的形式来处理重金属废水，其可以实现闭路循环，是一种借助于蒸发浓缩法来处理电镀重金属废水拥有很成熟、简单的工艺，而且无须任何一种化学试剂，所以并不会产生二次污染，且能够回收以及利用有价值的重金属，因此其经济效益以及环境效益都很高。但是因为其设备造价及运行成本高，能量损耗大，所以仅仅是把它当作一种辅助方式。

基于蒸发浓缩原理，采用多效蒸发与机械蒸汽压缩蒸发（MVR）、热力蒸汽压缩蒸发（TVR）、多效蒸发及热泵蒸发等技术处理高浓度难降解废液，可以实现凝缩水和高浓缩残液的有效分离，继而回收并再利用高浓缩残液中高价值原料。该方法操作简单、技术成熟，但仅仅是便于污染物的分离转移，并未实现污染物的彻底降解，且蒸发过程中挥发性有机物的部分或全部逸出，限制了该技术的广泛应用。

蒸馏浓缩工艺通常用于膜处理后的浓液处置，通过将浓液中的水分蒸发，溶液中重金属及盐类最终结晶，再将蒸发结晶物销售或交由第三方安全处置。

经过浓缩的废水可再次返回电镀槽中使用，蒸发的水蒸气冷凝后可以用于生产中的其他过程。由于电镀废水水量大，通过蒸发的方式，需消耗大量的能源，往往得不偿失。对于电镀漂洗废水，由于其水量大、金属浓度极低，故该法是难以适用的；而对于电镀废液，则因其体积小、浓度高，则可以考虑采用蒸发浓缩法来处理。

当电镀溶液杂质含量过多无法使用而又无法排除或排除成本太高时，不得不报废，这种情况发生在镀液自然老化或偶然错加材料时。当镀铬液铁杂质等含量过高、当焦磷酸盐镀铜液中正磷酸盐积累过多、当锌酸盐镀锌液中添加剂分解产物积累过多时，都要部分或全部更新溶液。另外，当溶液发蓝或使用过久时也要更新。

镀前处理的酸洗液的更新也较频繁，除油液使用寿命也不是太长，镀后处理的钝化液，特别是低浓度钝化液有时也要更新。

一般情况下，报废的溶液很难再生。镀铬废液用隔膜电解法可以再生，但还存在一些技术关键，国外成功者均已申请专利。对废的镀液，一般都将其稀释后用沸水处理法加以处理。对一些废液，可以设法回收其中的某些有用物质。

5.9　焚烧处理法

焚烧处理法主要适用于可燃性高浓度难降解有机废液（COD≥100 000 mg·L^{-1}）的处理，其一般与蒸发浓缩法结合使用。首先采用多效蒸发器将废液浓缩，浓缩液经加压、过滤后送至焚烧炉拱上方，再由高压空气雾化喷入炉膛实现蒸发焚烧。焚烧法具有初期投资较少、污染物处理彻底等优点，但也存在一定缺陷，如中等和较低 COD 浓度的废液焚烧时需预先浓缩或加入助燃剂，导致处理成本增加；其次，焚烧废气易造成二次污染，需要配套完善的废气处理设备。

5.10　光催化处理技术

光催化处理技术具有选择性小、处理效率高、降解产物彻底、无二次污染等特点。光催化的核心是光催化剂，常用的有 TiO_2、ZnO、WO_3、$SrTiO_3$、SnO_2 和 Fe_2O_3。其中 TiO_2 具有化学稳定性好、无毒、兼具氧化和还原作用等诸多特点。TiO_2 在受到一定能量的光照时会发生电子跃迁，产生电子—空穴对。光生电子可以直接还原电镀废水中的金属离子，而空穴能将水分子氧化成具有强氧化性的羟自由基（·OH），从而把很多难降解的有机物氧化成为 CO_2、H_2O 等无机物，被认为是最有前途、最有效的水处理方法之一。

然而光催化技术在实际应用中受到了很多的限制，如重金属离子在光催化剂表面的吸附率低，催化剂的载体不成熟，遇到色度大的废水时处理效果大幅下降，等等。不过光催化技术作为高效、节能、清洁的处理技术，将会有很大的应用前景。

第 6 章　电镀废水生物处理技术

生物处理法是利用微生物或者植物对污染物进行净化，该方法运行成本低，污泥量少，无二次污染，对处理水量大的低浓度电镀废水是不二之选。

生物处理技术包括生物化学法、生物絮凝法、生物吸附法、植物修复法等，常用于去除有机物、氮磷、悬浮物等污染物质。由于电镀废水中重金属离子和某些有机化合物会抑制或扼杀微生物，目前尚无稳定有效的微生物菌种直接处理电镀废水，通常需经过物理、化学法等预处理后再进入生物处理系统。

6.1　生物处理法

自然界的微生物经过驯化后可以用来处理电镀废水。微生物法处理电镀废水在投资、运行、操作管理和金属回收、水回用等方面，优于传统的离子交换法、电解法和气浮法。微生物法处理电镀废水工艺与传统的理化工艺相比，最大的差别就是在运行过程中，微生物能不断繁殖，生物质去除金属离子的量随生物质的量增加而增加，而离子交换法中离子交换树脂的交换容量有限，达到饱和吸附后，就不能再去除金属离子；化学沉淀法中，作用物的化学计量也是一定的，无增殖的可能。

1. 生物法处理电镀废水的优点

（1）综合处理能力较强。

生物法能够较好地处理电镀综合性废水，使废水中的六价铬、铜、锌、镍、镉、铅等有害金属离子得到有效处理，同时形成沉淀，达到国家排放标准，能够达到电镀废水处理的基本目的。

（2）处理方法简便适用。

采用生物法处理技术比较简单，既不需要车间分道排水，也不需要烦琐地调节废水pH。废水 pH 范围较宽（pH 为 4～10），从电镀车间排出的废水直接混合后（含氰废水需先破氰再混合），即可进行处理。

（3）处理过程控制简单。

生物法处理电镀废水运行过程实际上只有一个控制参数，就是含菌水和废水的混合比例，而且是依靠含菌水的过量保证废水中金属离子的完全反应，运行中的控制很简单，容易实现自动化处理。

（4）污泥量少。

同化学法、离子交换法、气浮法等方法相比较，生物法中功能菌对金属离子的富集程度较高，污泥中金属离子浓度高，从而生成污泥量少，二次污染明显减少。

（5）微生物来源广、费用低。

微生物具有来源广、易培养、繁殖快、对环境适应性强、易变异等特征，在生产上较易采集菌种进行培养增殖，并在特定条件下进行驯化，使之适应有毒工业废水的水质条件，从而通过微生物的新陈代谢，使有机物无机化，有毒物质无害化。

微生物生存条件温和，新陈代谢过程不需要高温、高压，不需要投加催化剂和进行催化反应，生物法比化学法优越，废水处理费用低廉。

2. 生物法处理电镀废水技术存在的问题

（1）功能菌反应效率有待提高。

生物法处理电镀废水目前所采用的功能菌和废水中金属离子的反应效率不太高，当废水中金属离子浓度为 $30\sim80$ mg/dm^3 时（这是工业电镀车间排放水的一般浓度），含菌水和废水反应比例为（$1\sim2$）∶1。由于这一缺陷，需要建 2 个与废水池体积相同的培菌池（2 个培菌池交替使用）。换言之，由于使用含菌水的量较大，培菌池的容积至少要等于日处理废水的体积，由此使反应池和沉淀池对废水而言使用率不到 50%，设施的有效利用率较低，工程造价也较高。

（2）功能菌繁殖速度较慢。

生物法处理电镀废水的直接消耗是每天要培养功能菌，使其繁殖生长，目前的功能菌培养时间要 24 h 以上，而且要保持培菌池温度在 40 ℃ 左右，还需要每天定量投加合成培养基。由于功能菌的繁殖速度较慢，不但造成必须要有 2 个培菌池，才能保证每天运行，而且消耗能源较多，培养基的消耗也较大，造成处理成本增高。

（3）处理水难以回用。

采用生物法处理后的电镀废水，虽然重金属离子达到排放标准，但由于生物菌的过量投加，水中的残余生物还能繁殖，特别是放置一段时间以后，明显看到水中有浮游生物，显然这种水不能回用到电镀清洗槽，只能用于培菌或冲洗厕所等，若要回用做电镀清洗水，还需严格的净化处理。

6.2 膜生物反应器

膜生物反应器（Membrance Biological Reactor，MBR），是一种由膜分离单元与生物处理单元相结合的新型污水处理技术，使用微滤膜分离技术取代传统活性污泥法的沉淀池和常规过滤单元，使水力停留时间（HRT）和泥龄（SRT）完全分离。出水水质相当于二沉池出水再加超滤的效果，具有高效固液分离性能。同时利用膜的特性，使活性污泥不随出水流失，在生化池中形成 $8\,000\sim12\,000$ mg L^{-1} 超高的活性污泥浓度，使污染物充分降解，出水水质良好、稳定，出水细菌、悬浮物和浊度接近于零，并可截留粪大肠菌等生物性污染物，处理后出水可直接回用。与传统工艺相比具有以下主要特点：出水水质优良、稳定；工艺简单；占地面积少；污泥排放量少，二次污染小；系统抗冲击性强，适应范围广；自动化程度高。

1. 膜生物反应器的类型

膜生物反应器可以分为内置浸没膜组件的内置式膜生物反应器和外置膜分离单元的外置式膜生物反应器。两种类型的膜生物反应器示意图如图 6.1 所示。

2. 膜生物反应器的外部要求

（1）进水流量恒定，曝气池完全混合均匀，反应池各组成成分不随时间改变。这是一

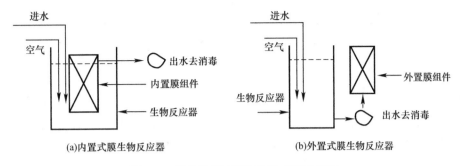

图 6.1 两种类型的膜生物反应器示意图

个理想的稳定状态。实际上任何生物处理系统都不可能存在真正的稳态，但是任何偏离平衡的状态都要向稳态回归。所以理想的稳态，实际上很接近大多数进水稳定的生物处理系统的真实情形。

（2）进水水质指标有 COD、悬浮物浓度、病原体数量、磷。

（3）气水体积比，即曝气的鼓风量和反应池的进水流量之比，是一个量纲为一的参数。

3. MBR 的工艺特点

（1）污染物去除效率高，不仅能高效地进行固液分离，而且能有效地去除病原微生物。

（2）生物反应器内微生物浓度高，MLSS（Mixed Liguor suspended solids），混合液悬浮固体浓度（污泥浓度）为常规处理工艺的 3～10 倍，因此反应器的容积负荷大，设备紧凑，占地少。

（3）高浓度活性污泥的吸附与长时间的接触，使分解缓慢的大分子有机物的停留时间变长，使其降解率提高，污泥产生量少，出水水质稳定。

（4）由于过滤分离机理，不怕污泥膨胀，依靠膜的过滤截留作用的出水，即使出现污泥膨胀，也不影响出水水质。

（5）在废水处理史上首次实现 SRT 和 HRT 的彻底分离，使运行控制更加灵活和稳定；MBR 工艺的固体停留时间（SRT）很长，允许世代周期长的微生物充分生长，对某些难降解有机物的生物降解十分有利。

（6）剩余污泥量很少，污泥处理和处置的费用低。由于 SRT 很长，污泥浓度高，生物反应器起到了污泥好氧消化池的作用，可取消污泥浓缩池和污泥消化池，也节省了污泥处理的基建投资和运行费用。

（7）硝化能力大大提高。NH_3 氧化的自养型硝化细菌世代期长，生长速度慢，易于流失。在 MBR 工艺中，由于膜的截留作用和 SRT 的延长，创造了有利于硝化细菌的生长环境，因而可以提高硝化能力；同时由于 MBR 中的污泥浓度高，MLSS 可高达 20 000 mg·L^{-1}，即污泥絮凝颗粒存在从外到内的 DO 梯度，相应形成好氧、缺氧、厌氧区，由此可实现反硝化和生物除磷。

（8）化学药剂投加量少或不投加化学药剂。

（9）MBR 工艺结构紧凑，易于实现一体化自动控制。

（10）其定型化（膜件化）的设计能够使工艺操作具有较大的灵活性和适应性。

随着脱氮技术的发展，其在应用过程中的一些问题也逐渐暴露出来，主要体现在曝气能耗大、碳源不足、消耗碱度、控制过程复杂、耐冲击负荷能力不强等，针对不同的污水水质，MBR 工艺还可以与其他污水处理工艺结合使用，形成处理效果更好的综合性工艺。

6.3 A²O 法

A²O 法即厌氧、缺氧、好氧法，是在一个处理系统中同时具有厌氧区、缺氧区和好氧区，集脱氮、除磷和去除有机物为一体的工艺，其工艺流程如图 6.2 所示。

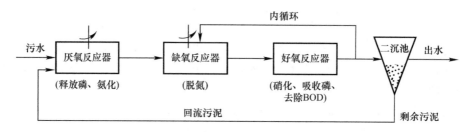

图 6.2 A²O 工艺流程图

原污水与从沉淀池排出的含磷回流污泥一同进入厌氧反应器，聚磷菌在厌氧条件下释磷，同时转化易降解 COD、VFA（挥发性脂肪酸）为 PHB（聚 β 羟基丁酸），部分含氮有机物进行氨化；污水经过第一厌氧反应器后进入缺氧反应器，主要功能为反硝化脱氮，好氧池出水通过内循环回流的硝化液进入缺氧区，反硝化菌利用污水中的有机物将回流混合液中的硝态氮还原为氮气而去除；混合液从缺氧池进入好氧池，这一单元的主要功能为去除剩余的 BOD，硝化和吸收磷等。

A²O 工艺具有以下特点：

（1）水力停留时间短，节省了基建投资。

（2）在厌氧（缺氧）、好氧交替运行条件下，有效抑制丝状菌的膨胀，SVI 值一般均小于 100，污泥沉降性能良好。

（3）污泥中含磷浓度高，具有很高的肥效。

（4）运行中不需要投药，厌氧、缺氧段只需搅拌，不用曝气，运行费用较低。

（5）该工艺脱氮效果受混合液回流比大小的影响，除磷效果受回流污泥夹带的溶解氧和硝态氮的影响，因而脱氮除磷效果不可能很好。

（6）可用于处理水量较大的工业废水，处理水可用于回用和资源化。

在设计 A²O 系统时，一般情况下，厌氧-缺氧-好氧 3 个池的体积比控制在 1：1：3～1：2：4。缺氧池/厌氧池回流比（污泥）为 0.3～1.0，好氧池/缺氧池回流比（硝化混合液）为 1.0～5.0。泥龄在 10 d 以上，COD/TN＞8，BOD_5/TP＞10，TN 负荷在 0.02～0.1 kg/（kg·d）之间，BOD_5、总氮、总磷的去除率分别达 94.3％、91.1％、91.6％。

如果好氧区硝化反应的硝态氮刚好被缺氧区的反硝化反应所消耗，彻底转化为氮气，则整个工艺系统处于最佳运行状态。

在厌氧区，贮磷菌可以将厌氧发酵反应的产物转化成胞内贮存物，同时释放出胞内贮存的聚磷酸盐，让它水解为正磷酸盐；在好氧区，贮磷菌从胞内贮存物的好氧呼吸中获取能量，并将水体中的正磷酸盐贮存为贮存物聚磷酸盐。由于贮磷菌将正磷酸盐转化为胞内贮存物，并作为富含磷的剩余污泥排放，所以好氧区出水的含磷量将会变得极低，从而保证了良好的出水水质。

6.4　曝气生物滤池

曝气生物滤池（Biological Aerated Filter，BAF）是由滴滤池发展而来，属于生物膜法范畴。该工艺集曝气、高滤速、截留悬浮物、定期反冲洗等特点于一体，其最开始用于三级处理，后来直接用于二级处理。

曝气生物滤池也叫淹没式曝气生物滤池（Submerged Biological Aerated Filter，SBAF），是在普通生物滤池、高负荷生物滤池、生物滤塔、生物接触氧化法等生物膜法的基础上发展而来的，被称为第三代生物滤池。曝气生物滤池是新开发的一种生物膜法污水处理技术，是集生物降解、固液分离于一体的污水处理设备。

曝气生物滤池与给水处理中的快滤池相类似。池内底部设承托层，其上部则是作为滤料的填料。在承托层设置曝气用的空气管及空气扩散装置，处理水集水管兼作反冲洗水管也设置在承托层内。

曝气生物滤池根据进水方向，可以分为上向流和下向流两种形式。目前，常用的是上向流，其进水和进气共同向上流动，有利于气与水的充分接触并提高氧的转移速率和底物的降解速率。曝气生物滤池可采用钢筋混凝土结构或用钢板焊制，它的基本构造由滤料层、工艺用气布气系统、底层布气补水装置、反冲洗排水装置和出水口等部分组成。

1. 下向流曝气生物滤池

图 6.3 所示为下向流曝气生物滤池。污水从上部进入滤池，并通过由滤料组成的滤层。滤料表面负载致密的生物膜，水流从上而下流过时，空气从滤料处通入，与下向流的生物相向接触，空气中的氧转移到污水中，向微生物提供充分的氧气和有机物。在微生物代谢下，有机污染物被降解，污水得到净化。

运行时，污水中的悬浮物和脱落的生物膜会将滤料层堵住，需定时对滤料层进行反冲洗，以释放截留的悬浮物并更新生物膜。反冲洗时一般采用气水联合反冲，反冲洗水经排水管流入初沉池。

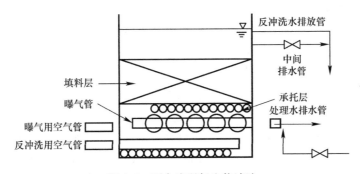

图 6.3　下向流曝气生物滤池

2. 上向流曝气生物滤池

图 6.4 所示为典型的上向流曝气生物滤池（BIOFOR）。污水从底部进入气水混合室，

经长柄滤头配水后通过承托层进入滤料层，在此进行有机物、氨氮和 SS—悬浮物 suspended solid 的去除。反冲洗时，气水同时进入气水混合室，经长柄滤头进入滤料，反冲洗出水回流入初沉池，与原污水一起处理。上向流的主要优点是：①同向流可促使布气布水均匀。②气水同向有利于氧的传递和充分利用。③截留在底部的悬浮物在气泡上升过程中带入滤池的中上部，加大了滤料的纳污率，延长反冲洗间隔时间。

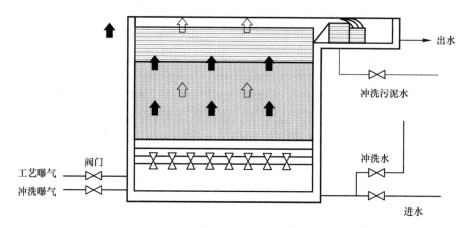

图 6.4 典型的上向流曝气生物滤池

滤料是生物膜的载体，也是曝气生物滤池的核心构成部分，具有截留悬浮物质的作用，对曝气生物滤池性能具有极大的影响。作为微生物生长、附着的场所，滤料可以促进污水处理过程中微生物增殖和更新。而且，污水也是通过滤料来流动的，经过滤料后，水质会有很大的提高。因此，开发经济高效的滤料对于曝气生物滤池技术发展至关重要。

对曝气生物滤池滤料的选择有以下要求：

（1）质轻，堆积容重小，且有一定的机械强度。

（2）比表面积大，孔隙率高，属于多孔惰性载体。

（3）化学稳定性好，不含有毒物质。

（4）水头损失小，形状系数好，吸附能力强。

（5）材料方便获取，成本较低。

3. 曝气生物滤池的优点

（1）处理能力强，容积负荷高。以 3～5 mm 的小颗粒作为滤料，比表面积大，微生物附着力强，在填料上附着的生物量折算成 MLVSS 可达 8 000～23 000 mg·L^{-1}。运行良好的曝气生物滤池水力负荷可达到 6～8 m^2/（m^2·h），容积负荷可达 3～8 kg BOD$_5$（m^2·d），故曝气生物滤池在较短的水力停留时间下（单级可达到 0.5～0.66 h），可有效去除水中 COD、BOD、SS 和 NH$_4^+$—N 等。

（2）较小的池容和占地面积，节省基建投资。曝气生物滤池水力停留时间短，池容较小，加之自身具有截留原污水中悬浮物与脱落的生物污泥的功能，无须需设置沉淀池，占地面积仅为活性污泥法的 1/5～1/3，其基建投资比常规工艺至少节省 20%～30%，适用于土地紧张的地方使用。

（3）运行费用低。气液在滤料间隙充分接触，由于气、液、固三相接触，曝气生物滤池氧的利用效率可达 20%～30%，曝气量小，为传统活性污泥法的 1/20，为氧化法的

1/6，为 SBR 的 1/4~1/3，供氧动力消耗低。

（4）抗冲击负荷能力强，耐低温。曝气生物滤池可在正常负荷 2~3 倍的短期冲击负荷下运行，而其出水水质变化很小。并且滤池易挂膜，启动快，曝气生物滤池在水温 15 ℃左右，2~3 周即可完成挂膜过程，一旦挂膜成功，可在 6~10 ℃水温下运行，在低温条件下亦能够达到较好的去除效率。

（5）运行管理方便。不需要回流污泥，发生污泥膨胀的可能性较小，采用模块化结构，采用自动化控制，运行管理方便，便于维护和进行后期的改扩建。

（6）臭气产生量少，环境质量高。曝气生物滤池的面积不大，反冲水池和反冲水贮存池都可加盖埋设在地下，污水处理厂产生的臭气较少，卫生条件好。

4. 曝气生物滤池的缺点

（1）对进水 SS 要求较严，根据运行经验，曝气生物滤池进水 SS 以不超过 100 mg·L⁻¹ 为宜，最好控制在 60 mg·L⁻¹ 以下。

（2）水头损失较大，水的总提升高度大。曝气生物滤池水头损失根据具体情况，每一级为 1~2 m。

（3）进水悬浮物较多时，运行周期短，反冲洗频繁。

（4）产生的污泥稳定性差，进一步处理较困难。

6.5 生物接触氧化池

生物接触氧化池的实质之一是在池内充填填料，已经充氧的污水浸没全部填料，并以一定的流速流经填料。在填料上布满生物膜，污水与生物膜广泛接触，在生物膜上微生物的新陈代谢作用下，污水中有机污染物得到去除，污水得到净化，因此，生物接触氧化池又称为淹没式生物滤池。

生物接触氧化池内设置填料，填料淹没在废水中，填料上长满生物膜，废水与生物膜接触的过程中，有机物被微生物吸附、氧化分解和转化为新的生物膜。从填料上脱落的生物膜，随水流到二沉池后被去除，废水得到净化。在接触氧化池中，微生物所需要的氧来自于水中，而废水则自鼓入的空气不断补充失去的溶解氧。空气是通过设在池底的穿孔布气管进入水流，当气泡上升时向废水供应氧气，有时并借以回流池水。

生物接触氧化池的另一项技术实质是在曝气池内充填供微生物栖息的填料，采用与曝气池相同的曝气方法，向微生物提供其所需的氧（并起到搅拌与混合作用），因此，该技术又称接触曝气法。

综上所述，生物接触氧化是一种介于活性污泥法与生物滤池两者之间的生物处理技术，也可以说是具有活性污泥法特点的生物膜法，并兼具两者的优点，深受污水处理工程领域人们的重视。

生物接触氧化池主要由池体、填料和进水布气装置等组成。其构造示意图如图 6.5 所示。池体内设置填料、布水布气装置和支撑填料的支架。池体通常为钢结构或钢筋混凝土结构。填料上老化的生物膜在水力冲击下会脱落在池体内，需要设置排泥和放空设施。

生物氧化池内的填料要求对微生物无毒无害、有一定的机械强度、质轻、易挂膜、比表面积大、孔隙率高。目前常用的填料主要有聚氯乙烯塑料、聚丙烯塑料、环氧玻璃钢等

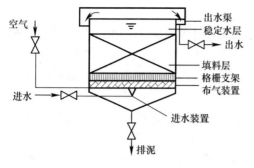

图 6.5 接触氧化池构造示意图

做成的蜂窝状和波纹板状填料、纤维组合填料、立体弹性填料等。

生物接触氧化处理技术在工艺、运行及功能等方面具有下列主要特征：

1. 在工艺方面的特征

（1）本工艺使用多种形式的填料，由于曝气，在池内形成液、固、气三相共存体系，溶解氧充沛，有利于氧的转移，适于微生物增殖，故生物膜上微生物是丰富的，除细菌和多种原生动物和后生动物外，还能够生长氧化能力较强的丝状菌（球衣菌属），且无污泥膨胀之虑。

（2）在生物膜上能够形成稳定的生态系统与食物链。

（3）填料表面全为生物膜所布满，形成了生物膜的主体结构，由于丝状菌的大量滋生，有可能形成一个呈立体结构的密集的生物网，污水在其中通过起到类似"过滤"的作用，能够有效地提高净化效果。

（4）由于进行曝气，生物膜表面不断地接受曝气吹脱，这样有利于保持生物膜的活性，抑制厌氧膜的增殖，提高氧的利用率，因此能够保持较高浓度的活性生物量。据实验资料，1 m² 填料表面上的活性生物膜量可达 125 g。如折算成 MLSS，则达 13 g/L。正因为如此，生物接触氧化处理技术能够接受较高的有机负荷率，处理效率较高，有利于缩小池容，减少占地面积。

2. 在运行方面的特征

（1）对冲击负荷有较强的适应能力，在间歇运行条件下，仍能够保持良好的处理效果，对排水不均匀的企业，更具有实际意义。

（2）操作简单，运行方便，易于维护管理，勿需污泥回流，不产生污泥膨胀现象，也不产生滤池蝇。

（3）污泥生成量少，污泥颗粒较大，易于沉淀。

3. 在功能方面的特征

生物接触氧化处理技术具有多种净化功能，除有效地去除有机污染物外，如运行得当还能够用以脱氮，因此可作为三级处理技术。

生物接触氧化处理技术的主要缺点是：如设计或运行不当，填料可能堵塞，此外，布水、曝气不易均匀可在局部部位出现死角。

近年来，生物接触氧化处理技术在国内外得到了迅速的发展和应用，广泛地用于处理生活污水、城市污水和食品加工等有机工业废水，而且还用于处理地表水源水的微污染。

6.6 生物絮凝法

生物絮凝法是一种利用微生物或微生物产生的代谢物进行絮凝沉淀来净化水质的方法。微生物絮凝剂是一类由微生物产生并分泌到细胞外、具有絮凝活性的代谢物，能使水中胶体悬浮物相互凝聚、沉淀。生物絮凝剂与无机絮凝剂和合成有机絮凝剂相比，具有处理废水安全无毒、絮凝效果好、不产生二次污染等优点，但其存在活体生物絮凝剂不易保存、生产成本高等问题，限制了它的实际应用。目前，大部分生物絮凝剂还处在探索研究阶段。

1. 生物絮凝剂的种类

生物絮凝剂可分为：①直接利用微生物细胞作为絮凝剂，如一些细菌、放线菌、真菌、酵母等。②利用微生物细胞壁提取物作为絮凝剂，微生物产生的絮凝物质为糖蛋白、黏多糖、蛋白质等高分子物质，如酵母细胞壁的葡聚糖、N-乙酰葡萄糖胺、丝状真菌细胞壁多糖等均可作为良好的生物絮凝剂。③利用微生物细胞代谢产物的絮凝剂。代谢产物主要有多糖、蛋白质、脂类及其复合物等。近年来报道的生物絮凝剂主要为多糖类和蛋白质类，前者有 ZS-7、ZL-P、H12、DP-152 等，后者有 MBF-W6、NOC-1 等。

生物絮凝去除污染物的机理如下：①细菌吸收真正溶解性物质并将其转化为细胞质和贮存物质，一部分溶解性物质在细菌体内降解提供能量，细菌得以增殖；②通过胞外酶对污染物进行水解并产生"自然絮凝剂"；③使胶体和悬浮物脱稳，并聚集在污泥絮体上；④通过细菌荚膜和黏液层面形成紧密的污泥絮体；⑤对水中的悬浮物、胶体颗粒、游离性细菌和溶解性物质进行网捕、过滤、吸附和吸收。

2. 生物絮凝剂的絮凝理论

生物絮凝剂主要是微生物代谢产生的各种多聚糖类蛋白质或者是蛋白质和糖类参与形成的高分子化合物，其分子量一般在 105 以上，其絮凝沉淀理论机理解释如下：

（1）生物絮凝剂相对分子质量大，而且大分子上多有长链线形结构，可同时有效地吸附较多的悬浮胶体颗粒，在颗粒间产生架桥作用使胶粒聚沉。

（2）生物絮凝剂大分子物质中多含极性基团和未饱和残基，这使生物絮凝剂分子借助离子键、氢键、范德华力的作用吸附多种带电胶粒，可以中和分散相粒子的表面电荷，使粒子间的斥力势能降低而使胶粒聚沉。

（3）生物絮凝剂的物质组分虽各不相同，但多为多糖类和机能蛋白质，它们对水有更强的亲和力，由于生物絮凝剂的溶解与水化作用，易使胶体粒子脱水失去水化外壳而聚沉。

3. 影响生物絮凝剂絮凝能力的因素

（1）温度。

温度对于絮凝剂的活性有很大的影响，主要是由于絮凝剂中的蛋白质在高温下易失去活性，丧失部分絮凝能力。然而，由多聚糖构成的絮凝剂不受温度的影响。

（2）pH。

生物絮凝剂的絮凝能力受 pH 影响的原因是酸碱度的变化改变了生物絮凝剂聚合物的带电状态和中和电荷的能力，同时也改变了被絮凝物质的颗粒表面性质，从而影响絮凝能力。

（3）金属离子。

Ca^{2+} 可以显著提升生物絮凝剂的活性，通常认为 Ca^{2+} 在絮凝微生物之间联结细胞表面的蛋白质和多糖，起化学侨联作用；Mg^{2+} 可以提高生物絮凝剂的活性，但其作用机理尚未明确；添加 Na^+ 可以增加絮凝剂的活性，但过量的 Na^+ 对于絮凝剂的活性无显著提升；Fe^{3+} 和 Al^{3+} 对絮凝沉淀也有作用，但主要体现在低浓度时，当达到一定浓度后，反而不利于絮凝沉降的进行。

（4）生物絮凝剂的浓度。

与其他絮凝剂一样，生物絮凝剂的絮凝效率也受其浓度的影响。在较低浓度范围内随絮凝剂浓度的提高，絮凝效率升高。但达到最高点后，再增加絮凝剂的浓度，絮凝效率反而降低。絮凝剂的最佳投加量，受水体中各种因素的影响，针对不同的水体有不同的值，其不是由理论推导出来的，必须在使用前通过烧杯试验来确定。

（5）生物絮凝剂的分子量。

絮凝剂的分子量大小对絮凝剂的絮凝活性至关重要，相对分子质量大，吸附位点就多，携带的电荷也多，中和能力也强，桥联作用也就越明显；相对分子质量的减小会降低絮凝剂的活性，如絮凝剂的蛋白质成分降解后相对分子质量减小，絮凝活性明显下降。

4. 生物絮凝剂在废水处理中的应用

（1）废水中悬浮物的去除。

普鲁兰生物絮凝剂在污水处理中效果良好，它分为无定型多糖大分子，呈线性无分支链结构，有较高的热稳定性，pH 适用范围为 2～10，抗酸碱能力较强，分子中存在大量羟基官能团使其呈弱负电性。普鲁兰絮凝剂与无机絮凝剂复合使用效果良好。这是由于铁盐和铝盐的水解产物是羟基的不饱和体，能与普鲁兰分子的羟基官能团强烈结合，不仅可以充分发挥无机絮凝剂的电中和脱稳作用，又可以发挥普鲁兰的吸附架桥作用，两者同时作用可使脱稳胶粒形成巨大的空间网状絮凝结构，网捕水中絮凝悬浮物，絮凝效果明显。

（2）废水脱色和去除有机物。

生物絮凝剂对于疏水性或不溶于水的染料有很好的去除效果。例如，在造纸废水处理中，使用生物絮凝脱色处理，脱色率可达 90％以上。对于高 COD 和高色度的工业废水，生物絮凝剂也表现出良好的去除 COD 和脱色效果。

（3）重金属离子的分离。

生物絮凝剂的高聚物分子通过吸附、络合和氧化还原等方式固定金属离子，高聚物分子间所形成网状结构有助于絮体的凝聚及絮凝过程的完成。在对电镀废水的铬进行处理时，生物絮凝剂显示了优越的性能。经过处理的含铬废水，Cr^{6+} 含量明显下降，出水可直接排放或作为循环水使用。

此外，有些生物絮凝剂的高聚物含有儿茶酚或经氨衍生物，通过络合方式固定金属离子可处理含钚、钴和铀的核工业废液，其有效固定率大于 99％。

6.7 生物吸附法

微生物细胞壁的聚合物中存在许多对重金属离子有吸附作用的活性基团，它可以吸附污染水体中重金属物质，然后通过固液分离，将重金属从水中去除。可以从溶液中分离出重金属的生物体及其衍生物都叫做生物吸附剂。生物吸附剂主要有生物质、细菌、酵母、霉菌、藻类等。生物吸附作为一种新工艺可以用于金属的去除和含重金属工业废水的解毒等方面。另一方面，饱和生物吸附剂中沉积的重金属容易解吸，它们在洗液中容易从吸附剂中释放出来，从而得到再生，用于下一个循环。该方法成本低，吸附和解析速率快，易于回收重金属，具有选择性，前景广阔。

1. 生物吸附机理

微生物结构的复杂性以及同一微生物和不同金属间亲和力的差别决定了微生物吸附金属的机理非常复杂,根据目前国内外对生物吸附的研究总结出如下一些对生物吸附机理的解释。根据细胞依赖新陈代谢的程度,生物吸附机理可以分为依赖新陈代谢和不依赖新陈代谢。

依赖新陈代谢进行吸附的只是生物的活细胞,金属被生物吸附的途径一般是借助新陈代谢穿透细胞膜进入细胞内富集,活细胞对金属又有絮凝作用,因此可以通过沉淀的方式使金属从溶液中去除。

死细胞吸附金属是不依赖新陈代谢的,但死的生物细胞能通过离子交换、络合、协同、螯合、物理吸附、沉淀等方式去除溶液中的金属。这种不依赖新陈代谢的生物吸附金属的物理化学现象,相对速度比较快,并能可逆进行,其类似于离子交换树脂或活性炭的化学特性,在工业应用中具有优势。

根据在溶液中脱除金属的方式不同,生物吸附可以分为细胞外富集/沉淀、细胞表面吸附/沉淀和细胞内富集。大多研究表明,生物吸附中,特别是真菌和海藻吸附时,离子交换占主导地位,因为生物吸附剂提供了大量的活性基团(如羟基、硫酸盐、磷酸盐、胺盐)以进行离子交换。在生物吸附金属离子的过程中可能存在以上一种作用方式,也有可能几种机理同时作用。

2. 影响生物吸附的因素

影响微生物吸附的因素很多,受吸附剂、金属离子本身的物理化学性质以及各种操作的环境条件影响,如 pH、光、温度、金属离子浓度和共存离子等,也取决于某些生理条件,如微生物细胞是活性或非活性。

(1) pH。

pH 是影响生物吸附的重要因素。研究表明,在一定 pH 范围内,吸附量随 pH 的增大而增大。当 pH 增大时,会暴露出更多带负电荷的吸附基团,有利于金属离子吸附在细胞表面。pH 过大对金属吸附亦存在不利影响,当溶液 pH 超过金属离子沉淀的上限时,溶液中的金属离子以氢氧化物的形式存在,微生物可吸附的游离金属离子减少,所以金属离子的吸附量急剧减小。

(2) 温度。

温度对微生物的吸附量的影响不如 pH 那样明显,但也起着非常重要的作用。在一定温度范围内,微生物的吸附量随温度的升高而增大。但过高或过低的温度都会使吸附量有所减小。

(3) 共存离子。

当溶液中存在其他金属离子时,一般都会抑制主要金属离子的吸收。这是因为这些共存离子与主要离子竞争细胞上有限的带负电荷的基团,从而导致主要金属离子的吸附量减少。

尽管该方法处理电镀废水有很多的优点,但仅适用于小水量单一电镀废水的处理。在应对实际工程时,因水质水量难以恒定,微生物对水温、品种、金属离子的浓度、pH 等变化不能稳定适应,会出现瞬间大批微生物死亡、二次环境污染事故,而且培菌不易。

6.8　生物化学法

生物化学法是通过微生物处理含重金属废水,将水中重金属离子转化为不溶性沉淀物去除的方法。硫酸盐生物还原法是一种典型生物化学法。该法是在厌氧条件下，硫酸盐还原菌通过异化的硫酸盐还原作用，将硫酸盐还原成 H_2S，废水中的 Cr^{6+} 和 H_2S 反应生成溶解度很低的金属硫化物沉淀而被去除。该方法的优点是硫酸盐还原菌可以在一般的有机废水中培养，因此降低了废水的处理费用。重金属硫化物的溶度积常数较小，因此，重金属去除率很高。有关研究表明，生物化学法处理含 Cr^{6+} 浓度为 $30\sim40$ mg·L^{-1} 的废水去除率可达 $99.67\%\sim99.97\%$。

图 6.6 所示为硫酸盐还原法处理电镀废水的工艺流程图。电镀废水经过调配池时，由于微生物处理重金属常缺乏一些营养物质，包括有机物、氮磷等，所以需要外加一些营养物。生物反应器保持为厌氧环境，硫酸盐还原菌在厌氧条件下将硫酸盐还原为硫化氢，硫化氢与水中的重金属离子生成不溶性沉淀物，经过沉淀池的生物污泥排放而得到去除。生物反应器的类型可以是上流式厌氧污泥床反应器，也可以是厌氧接触反应器。

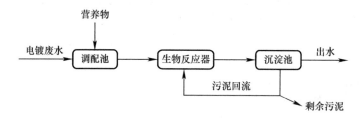

图 6.6　硫酸盐还原法处理电镀废水工艺流程图

生物化学法存在两个缺点，反应器的水力滞留时间较长，以及出水的 COD 和硫化氢偏高。因此，必须采用好氧生物处理法去除 COD 和硫化氢，使最终出水的指标达到排放标准。

6.9　植物修复法

植物修复法是一种新兴的绿色生物技术，也是一种土壤污染治理的环境友好技术。植物修复技术是利用植物对重金属的吸收富集、稳定能力，将重金属转移到植物体内或通过植物分泌物将重金属稳定，从而达到转移土壤中的重金属或将其毒性降低的目的。

1. 植物修复法的特点

与传统的重金属污染土壤修复法相比，植物修复法的优势体现在：原位、主动修复，不破坏土壤结构和土壤微生物活动，对周围环境扰动少；植物收割集中处理回收重金属，可减少二次污染并兼具经济效益；成本低廉、操作简单，安全可靠，效果长久，适用于大面积治理，并能美化环境，受到各国学者重视。

2. 植物修复法的机理概述

植物修复法不仅包括对污染物的吸收和去除，也包括对污染物的原位固定和转化。其修复技术主要包括植物固定、植物提取和植物挥发技术。植物修复法机理示意图如图 6.7 所示。

（1）植物固定。

植物固定是利用特定植物的根或分泌物，改变土壤根际环境，通过累积、沉淀、转化重金属的价态和形态，降低土壤中有毒重金属的移动性和毒性，从而降低重金属渗漏污染地下水和周围环境的风险。植物固定包括分解、沉淀、螯合、氧化还原等多种过程。目前，该技术已在工程领域得到一定应用。

（2）植物提取。

植物提取是利用植物从土壤中吸取一种或几种重金属污染物，并将其转移、贮存到地上部分，连续种植该植物，随后收割地上部并进行集中处理，达到降低或去除土壤重金属的目的。该技术最适合浅层且污染程度较低的土壤修复，所用植物需具有生物量大、生长快和抗病虫害能力强等特点，还要具备富集多种重金属的能力。

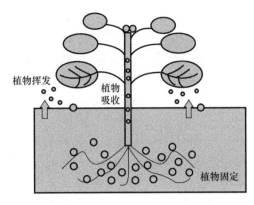

图 6.7　植物修复法机理示意图

（3）植物挥发。

植物挥发是利用植物根系吸收、积累和挥发重金属，或利用根系分泌的一些特殊物质，将挥发性重金属转化为气态物质挥发到大气中，以降低土壤污染，目前对 Hg 和 Se 研究较多。植物挥发只是将污染物从土壤经植物转移到大气中进行稀释，考虑到现场空气中的挥发性重金属浓度及重金属的再次沉降，该技术存在一定风险，且受植物根系范围等限制，处理能力不强。

由于植物生长速度相对缓慢，植物修复法前期见效慢，使用周期长，目前在电镀废水处理中使用较少。该方法对环境的扰动较小，有利于环境的改善，而且处理成本低。人工湿地在这方面起着重要的作用，是一种发展前景广阔的处理方法。有效提高植物的生物量，提高植物的吸收、转动能力，从而提高修复效率，是植物修复法得以大面积推广应用的关键。

第 7 章 电镀废水深度处理技术

为了向多种回用途径提供高质量的回用水，需对二级处理后的城市污水进行深度处理，去除污水处理厂出水中剩余的污染组分，达到回用水水质要求。这些污染物质主要是氮磷、胶体物质、细菌、病毒、微量有机物、重金属以及影响回用的溶解性矿物质。去除这些污染物不能简单地套用污水处理的工艺方法和参数，而是要根据回用水处理的特殊要求采用相应的深度处理技术及组合。

根据相关法律法规要求，电镀行业废水处理中水回用必须大于50%，中水回用指标满足《城市污水再生利用 工业用水水质》（GB/T 19923—2005），剩余的尾水重金属排放指标按《电镀污染物排放标准》（GB 21900—2008）三级标准，以及《地表水环境质量标准》Ⅴ类水质最高限制，其他指标按《电镀污染物排放标准》（GB 21900—2008）三级标准实施。

目前，污水深度处理工艺主要有：

（1）以污水处理厂二级出水为原水，再经过以物理化学方法为主的深度净化处理，最常用的深度处理工艺为混凝、沉淀、过滤和连续微滤（CMF）。

（2）采用生化和膜分离结合的处理工艺，将污水直接处理达到回用水质要求，如膜生物反应器（MBR）。

（3）活性炭吸附法。活性炭处理占地少，易于自动控制，对水量、水质、水温变化适应性强，饱和碳可再生使用，是一种具有广阔应用前景的技术，但工艺的基建投资、运行费用及活性炭再生成本是今后研究的重点。

（4）臭氧氧化法。臭氧具有极强的氧化性，可与许多有机物和官能团发生反应，能有效改善水质，但运行费用高，推广尚有难度。

污水深度处理工艺是污水处理工程设计的关键，它不仅可以影响出水的处理效果、水质，还影响工程的基建投资大小、运行是否可靠、运行费用高低、管理操作的复杂程度、占地面积大小等各个方面。因此，必须综合实际情况慎重选择处理工艺，以便达到最佳处理效果。

7.1 膜分离概述

1. 膜分离的定义和分类

膜分离技术以具有选择性透过功能的薄膜为分离介质，在膜的两侧施加一种或几种推动力，使原料中的组分选择性地透过膜，从而达到混合物分离和产物提取、浓缩和纯化等目的。膜处理法是物质透过或被截留于膜的过程，近似于筛分过程，可用于回收废水中的重金属和盐类，削减废水排放量，提高废水回用率。该技术具有出水水质高、运行费用低、不添加任何有害物质、操作简单等优点。

膜分离法依据膜孔大小以及分离的尺寸不同，可以分为微滤、超滤、纳滤和反渗透。

这四种方法都是以压力差为推动力的分离过程。在膜的两侧施加一定的压差时，混合液中小于膜孔径的组分可以选择性地透过膜，而大分子物质则被截留下来，从而达到分离的目的。膜分离处理过程的分类与区别见表 7.1。

膜分离处理过程的分类与区别　　　　　　　　　　　　　表 7.1

膜参数	微滤	超滤	纳滤	反渗透
膜孔排布	对称或不对称分布	不对称分布	对称或不对称混合分布	不对称或混合分布
膜厚度	$10\sim150~\mu m$	$150~\mu m$	表层 $<1~\mu m$，内层约为 $150~\mu m$	表层 $<1~\mu m$，内层约为 $150~\mu m$
膜孔大小	$0.05\sim10~\mu m$	$1\sim100~nm$	约 $2~nm$	$<2~nm$
分离原理	筛分原理	筛分原理	筛分与静电排斥原理	空间排斥与静电排斥原理
膜材料类别	聚合材料、陶瓷材料	聚合材料、陶瓷材料	聚酰胺材料	三乙酸纤维素、芳香纤维胺、聚酰胺、聚乙烯醚、聚乙烯脲

对于分子量较大的有机污染物，膜分离技术处理截留率比较高，效果较好。目前，大部分纳滤、反渗透膜仍然需要从国外引进，造成膜分离技术的投资成本高，且截留的浓缩废水需要进一步处理。膜分离技术只适宜成分简单、悬浮物含量较少的简单废水的处理，不适宜处理复杂废水，也不适宜作为废水生化处理后的深度处理，因为后两种废水中含有大量的纳米级生物胶体物质，易使膜受到污染，大大缩短膜的寿命，增大运行成本。

2. 膜分离的特点

与传统分离技术相比，膜分离技术具有以下特点：

（1）在膜分离的过程中，不发生相变，能量转化效率高。

（2）一般不需要投加其他物质，不改变分离物质的性质，并节省原材料和化学用品。

（3）膜分离过程中，分离和浓缩同时进行，可回收有价值的物质。

（4）可在一般温度下操作，不会破坏稳定性差的物质，不消耗热能。

（5）适应性强，操作及维护简便，易于实现自动化控制，运行稳定。

因此，膜分离技术除大规模用于海水淡化、纯水生产外，在城市污水处理、工业废水处理及回收利用和生活饮用水净化方面也得到了广泛的应用。

微滤和超滤一般与其他废水处理工艺联用，主要针对低浓度重金属废水的处理和回收利用；反渗透适用于镀镍、锌、铬漂洗水和混合重金属废水的规模化处理及废水浓缩和电镀液回收；纳滤具有操作压力低、水通量大等优点，易实现 90% 以上的废水纯化和高倍重金属浓缩。电渗析法适宜处理含多种重金属的电镀工业漂洗水，其中，含镍废水处理技术最为成熟。尽管膜处理法操作简单、设备占地面积小、无二次污染，且能够实现重金属回收利用和出水回用，但该法对进水水质及膜材料要求较高，因此处理成本偏高。

7.2　超滤和微滤

1. 分离原理

超滤和微滤是指原溶液中溶剂和溶质粒子在以静压差为推动力的作用下，使得小溶质粒子从原溶液的一侧通过膜透到低压侧，大溶质粒子被膜截留，从而得到分离净化的方法。两者均属于驱动型膜分离过程，区别在于膜孔径大小的不同和过滤操作压差范围不同。超滤膜的分离范围为 1 nm～0.05 μm，操作压力为 0.3～1.0 MPa，主要去除水中大分子物质，如蛋白质、多糖和颜料等。微滤膜的分离范围为 0.05～10 μm，操作压力为 0.1～0.3 MPa，主要用于去除水中胶体和悬浮颗粒，如细菌和油类等。超滤和微滤以筛分作用为主，去除机理主要为：膜面的机械截留作用，膜表面及微孔的吸附作用，以及在膜孔中停留而被去除。

2. 膜材料

按膜组件的形状，膜分为板框式、卷式、中空纤维式、管式、毛细管式和板式。超滤膜组件形式的分类及优缺点见表 7.2。

超滤膜组件形式的分类及优缺点 表 7.2

形式	优点	缺点
板框式	可拆洗	填充密度低，结构复杂，不能反冲洗
卷式	填充密度高，结构紧凑	对进水水质要求较高，清洗较困难
中空纤维式	单位膜面积大，投资费用低	需预过滤，换膜费用高
管式	可大范围调节原液流速，有效控制浓差极化和结垢	单位膜面积低，投资及运行费用高
毛细管式	填充密度高，单位膜面积大，投资费用低	耐压力差大，传质阻力较大，毛细管内径易堵塞

按结构，膜可分为对称膜和非对称膜。超滤膜多为非对称膜，微滤膜多为常见的曲孔型对称膜。

按材质，膜可分为有机膜和无机膜。有机膜的种类很多，常见的有有聚砜、聚醚砜、聚偏氟乙烯、聚乙烯、聚丙烯、聚乙烯醇、聚丙烯氰、聚氯乙烯、芳香聚酰胺、聚酰亚胺、聚四氟乙烯、醋酸纤维素及其改性材料等。聚偏氟乙烯具有化学稳定性好、机械强度高、抗紫外线老化、膜通量高等特点，在近几年水处理行业中受到了广泛的应用。无机膜多以金属、金属氧化物、陶瓷、多孔玻璃为材料。相对于有机膜，其热稳定性更好、耐化学侵蚀、寿命更长等，缺点是易碎、价格更高。

3. 超滤和微滤的应用

（1）城市污水回用。

城市污水经二级处理后，还存在部分污染物，如浊度、微生物、有机物、磷等。采用超滤和微滤过滤可以在一定程度上去除这些残存的污染物，可用于工业用水、景观用水、农业用水和市政用水等。

（2）饮用水净化。

使用超滤或微滤并与其他水处理技术相结合，如混凝-膜分离、活性炭吸附-膜分离、臭氧氧化-膜分离等组合工艺，可以强化去除微污染水源水中的多种污染物。

（3）超滤家用净水器。

城市输水系统在供水过程中管道破损、生锈、老化以及高层的二次供水中可能存在二次污染问题，使用家用净水器是保障饮用安全的手段之一。超滤家用净水器能有效地降低浊度、去除大分子有机物和细菌等杂质，安全可靠，在市场上广受应用。

（4）反渗透的预处理。

超滤/微滤膜与反渗透膜相结合，可用于海水淡化、工业废水再利用，作为反渗透膜的预处理。

（5）工业废水处理与物质回收。

超滤、微滤可用于处理含油废水、造纸废水、涂漆废水、印染废水、染料废水等处理，可以有效去除油类、悬浮物、有机物和大分子物质，并可回收纤维、油脂、染料、颜料、羊毛脂等有用物质。

电镀企业产生的废水成分比较复杂，其中含有 Cu^{2+}、Ni^{2+}、Cr^{3+} 等重金属离子，还含有一定量有机物、硫化物、氰化物等非金属污染物，pH 波动较大。目前在这些废水的处理中，使用超滤膜技术的次数比较多，效果也更好，不仅可以实现水资源的二次利用，同时还可以回收重金属，实现再利用，降低了生态环境遭到破坏的风险，但是当前的膜污染问题一直以来都是制约膜技术发展的一个重要的问题。因此工程上常采用膜改性、膜清洗和预处理的方式改善超滤膜的处理效果。

7.3　纳滤与反渗透

1. 纳滤原理

纳滤是介于超滤和反渗透之间的一种压力驱动型膜分离技术，适用于分离相对分子质量较大的有机物，并对离子具有选择截留性，如一价离子可以大量地渗过纳滤膜，而对多价态离子是进行有效的截留。因此，纳滤对离子的渗透性主要取决于离子的价态。

对于阴离子，纳滤膜的截留率呈现以下顺序：

$$CO_3^{2-} > SO_4^{2-} > OH^- > Cl^- > NO_3^- \tag{7.1}$$

对于阳离子，纳滤膜的截留率呈现以下顺序：

$$Cu^{2+} > Mg^{2+} > Ca^{2+} > K^+ > Na^+ > H^+ \tag{7.2}$$

纳滤膜对离子截留的选择性主要与纳滤膜荷电有关。大部分纳滤膜为荷电膜，它对无机盐的分离行为不仅受化学势控制，同时与电势梯度也密切相关。其传质机理与反渗透膜相似，属于溶解-扩散型，但还在深入研究中。

2. 纳滤膜透过机理

（1）纳滤膜分离机理主要是筛分作用和电荷排斥作用。通常，纳滤膜在中性和碱性条件下荷负电，在酸性条件下荷正电。纳滤膜表面的电荷对离子的分离有相当大的作用，因此，纳滤膜具有离子选择性。由于在膜上或膜中有带电基团，它们通过静电互相作用，对不同价态的离子具有不同的截留能力。具有一价离子的盐可以大量地渗过膜（并不是无阻挡），然而对具有多价离子的盐膜具有很高的截留率。

（2）由于 Donnan 效应，纳滤膜会对一些离子产生负的截留率。这是因为在荷电组分的平衡中，渗透组分的传递符合道南平衡。在荷电组分的平衡中，膜两侧每种渗透组分的电化学势必须是同样大的，即 $\eta_I = \eta_{II}$。

以 NaCl 溶液为例，纳滤膜渗透机理图如图 7.1 所示，膜两侧相 I 和相 II 中，道南平衡公式为：

$$C_{Na}^I \cdot C_{Cl}^I = C_{Na}^{II} \cdot C_{Cl}^{II} \tag{7.3}$$

如果在相 I 中加入足够的硫酸钠，就会增大相 I 和相 II 中钠离子浓度的比例，与此同时，溶液仍要满足公式（7.3），而单价氯离子相对硫酸根更易透过纳滤膜，即认为硫酸根

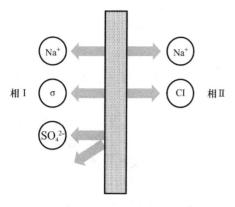

图 7.1　纳滤膜渗透机理图

被全部截留，那么相Ⅱ和相Ⅰ中的氯离子比例也须增大，所以氯离子可能会逆着其浓度梯度传递，即出现负的截留率。最近，这种现象已被许多研究者进行报道。

3. 纳滤膜的应用

纳滤膜最大的应用市场是饮用水领域，主要用于脱除水中的三卤甲烷（THM）、异味、色度、农药、合成洗涤剂、可溶性有机物、硬度等，纳滤将是 21 世纪饮用水市场的优选技术。纳滤膜另一个重要的应用领域是废水处理。目前，纳滤处理纺织行业、电镀行业、核能工业、电子行业、市政工程、食品医药、造纸印染等工业废水的研究已广泛开展。纳滤膜由于截留分子量介于超滤与反渗透之间，同时还存在 Donnan 效应，因此对低分子量有机物和盐的分离有很好的效果，并具有不影响分离物质生物活性、节能、无公害等特点，在食品工业、发酵工业、制药工业、乳品工业等行业也得到越来越广泛的应用。

4. 反渗透原理

反渗透以反渗透膜为介质，以静压差为推动力，选择性地使溶剂透过反渗透膜，而截留离子物质从而实现溶剂和溶质分离的过程。反渗透的选择透过性除了与膜孔大小和结构有关以外，还与它的物化性质有关，如溶解、吸附、扩散等。

反渗透过程必须具备两个条件：一是必须有一种高选择性和高渗透性的选择性半透膜；二是操作压力必须高于溶液的渗透压。渗透压的大小一般取决于溶液的种类、温度和浓度。电镀废水处理中，一般的反渗透压力为 2.75～4.12 MPa，个别特殊的反渗透压力为 4.12～5.49 MPa。根据不同的渗透压，便可决定反渗透的外加压力。

图 7.2 所示为半透膜作用的微观示意图。用一种半透膜将淡水和盐水隔开，淡水中的水分子则会自发地通过半透膜而渗入盐水中，这就是渗透现象。当盐水侧的水位上升到一定高度时，便不会继续上升，此时渗透达到动态平衡。在盐水侧施加压力时，盐水中的水分子会透过半透膜进入淡水相，使盐水浓度增大，这就是反渗透现象。

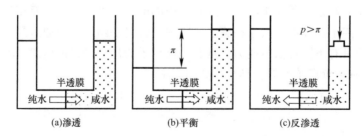

图 7.2　半透膜作用的微观示意图

5. 反渗透膜的透过机理

（1）氢键理论。

氢键理论是由里德等人提出的，并采用醋酸纤维膜加以解释。反渗透膜的表皮层是一层薄的致密微孔层。例如，醋酸纤维素是一种具有高度有序矩阵结构的聚合物。水分子能与聚合物上的极性基团（如羟基、羰基、酰基等）形成氢键，然后又断开氢键，在反渗透压力的推动作用下，水能经氢键传递，通过表面层进入膜的底层。由于底层呈多孔状并含有大量的毛细管水，水分子便可畅通无阻，源源不断地流出淡水。

整个膜是被水分充分溶胀了的（不用或运输过程中均要保持在水中），但在面层中水分较少，而且它所含的水是一级结合水，这种水无溶剂化作用，故不能溶解盐分，因而盐分不能透过膜。

（2）选择吸附—毛细孔流理论。

索里拉金等人提出了选择吸附—毛细孔流理论。水的表面张力随溶质浓度的不同会显著地变化。若溶质能提高水的表面张力，溶液的体积便趋于收缩，一般电镀废水均具有这种性质。

当这种溶液与多孔的反渗透膜表面接触时，膜的表面能选择性地吸附水分子而排斥溶质，这样在膜—溶液界面便形成一个纯水层。在反渗透压力的推动下，通过膜的毛细作用，纯水流出，此后又形成纯水层。这样不断形成、流走，便实现了反渗透。

（3）溶解扩散理论。

溶解扩散理论是由 Lonsdale 和 Riley 等人提出，该理论假定膜是无缺陷的"完整的膜"，溶剂与溶质透过膜的机理是由于溶剂与溶质在膜中的溶解，然后在化学位差的推动力下，从膜的一侧向另一侧进行扩散，直至透过膜。溶剂和溶质在膜中的扩散服从菲克定律，这种模型认为溶剂和溶质都可能溶入均质或非多孔型膜表面，以化学位差为推动力，分子扩散使它们从膜中传递到膜下部。因此，物质的渗透能力不仅取决于扩散系数，而且取决于其在膜中的溶解度。溶质的扩散系数越小，高压下在水膜中的移动速度就越快，因而透过膜的水分子数量就比通过扩散而透过去的溶质数量多。目前认为，反渗透膜的传递过程与溶解-扩散有关。

6. 反渗透的应用

反渗透膜的主要应用领域有海水淡化、苦咸水净化、工业废水处理与有用物质的回收等。其中，海水淡化是反渗透膜贡献最大的领域。且随着时代的进步，反渗透膜的性能不断提高，能耗下降，淡水回收率也逐渐提高。海水淡化通常采用高压反渗透一级脱盐，要求脱盐率为 99％以上。苦咸水指含盐量在 1 000～5 000 mg·L^{-1} 的湖水、河水和地下水，用低压反渗透脱盐。纳滤和反渗透还用于含重金属工业废水的处理，主要去除重金属离子和贵重金属浓缩回收。在饮用水净化上，主要用于去除水中的微量有机物和水的软化。

7.4　扩散渗析法

扩散渗析法是指利用离子交换膜为介质，将浓度不同的进料液和接收液分隔开，溶质从浓度高的一侧扩散到浓度低的一侧，当两侧浓度达到平衡时，渗析过程停止。浓度差是渗析的唯一推动力，在渗析过程中，进料液和接受液一般是逆向流动。

扩散渗析法主要用于酸、碱的回收。在碱性条件下，可使用阳离子交换膜从盐溶液中回收烧碱；在酸性条件下，可使用阴离子交换膜从盐溶液中回收酸。在回收过程中，不消耗能量，回收率高达 70％～90％，但不能将它们浓缩。

图 7.3 所示为利用扩散渗析法处理钢铁厂酸洗废水的示意图。由于酸洗废水要回收

酸，需采用阴离子交换膜，阴膜上的正电荷允许 SO_4^{2-} 通过。在渗析槽中装有一系列间隔较近的阴离子交换膜，把整个槽子分隔成相互邻近的小室。当 SO_4^{2-} 向回收室中迁移时，会携带 H^+ 和 Fe^{2+} 过去，但由于 H^+ 直径小于 Fe^{2+}，H^+ 随 SO_4^{2-} 渗析过去，大部分 Fe^{2+} 被阻挡。同时回收室中的 OH^- 浓度比原液室高，通过阴膜进入原液室，与其中的 H^+ 结合成水。结果从回收室流出的是硫酸，原液室流出的是 $FeSO_4$ 残夜。这样，酸洗废水中的 H_2SO_4 和 $FeSO_4$ 就得到了一定的分离。

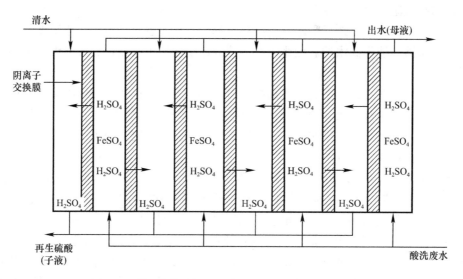

图 7.3 利用扩散渗析法处理钢铁厂酸洗废水的示意图

7.5 电渗析法

电渗析是在外加直流电场的作用下，利用离子交换膜的选择透过性，使离子从一部分水中迁移到另一部分水中的物理化学过程。

电渗析法是利用阴阳离子膜的特性，在通电后使废水分成浓、稀两种，浓缩废水回收重金属，稀液或者回用或经离子交换等其他方法处理排放或回用。该法用来处理镍电镀、氰系废液都是十分有效的。国内外试验用 F46 阴膜、F46 阳膜和 F46 阴膜、SF-1 阳膜处理含铬废水效果良好。

对于回用水质量要求一般的场所，电渗析（ED）法无疑是最好的选择，适用于含盐量较高的水源，对原水的预处理要求不是很高且在低能耗的状态下进行分离处理。

1. 电渗析原理

图 7.4 所示为电渗析原理图。将阳膜和阴膜交替排列，并用特制的隔板将两种膜隔开，并在隔板内设置水流通道。离子减少的隔室称为淡室，其出水为淡水；离子增多的隔室为浓室，其出水为浓水。进入淡室的食盐水，在两端电极接通直流电源后，即开始电渗析过程。水中阳离子不断地透过阳膜向阴极方向移动，阴离子则通过阴膜向阳极方向移动，在电渗析作用下，盐水逐渐被淡化。对于进入浓室的含盐水，阳离子向阴极方向迁移过程中不能透过阴膜，阴离子向阳极迁移过程中也无法透过阳膜，而由邻近淡室迁移透过

的离子使浓室内离子浓度不断增加,形成浓盐水。这样,在电渗析器中便形成了淡水和盐水两个系统。

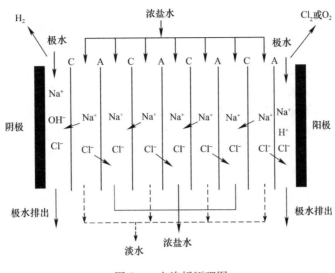

图 7.4　电渗析原理图

(C—阳膜;A—阴膜)

以食盐水为例,阴极还原反应为

$$H_2O \Longrightarrow H^+ + OH^- \tag{7.4}$$

$$2H^+ + 2e^- \Longrightarrow H_2 \uparrow \tag{7.5}$$

阳极氧化反应为

$$H_2O \Longrightarrow H^+ + OH^- \tag{7.6}$$

$$4OH^- \Longrightarrow O_2 \uparrow + 2H_2O + 4e^- \tag{7.7}$$

或

$$2Cl^- \Longrightarrow Cl_2 \uparrow + 2e^- \tag{7.8}$$

因此,在阴极不断地产生氢气,阳极则持续释放氧气或氯气。阴极室内逐渐呈碱性,水中的 Ca^{2+} 、Mg^{2+} 和 HCO_3^- 等离子,会生成 $CaCO_3$ 和 $Mg(OH)_2$ 沉淀,富集在阴极上,而阳极室溶液则呈酸性,对电极产生强烈的腐蚀性。因此,电极材料的选择非常重要,选用的电极材料应不受反应产物的腐蚀。

2. 电渗析的传递过程

在电渗析的运行过程中,还会发生一系列的传递过程:

(1)反离子电荷迁移。离子交换膜具有选择透过性,与离子交换膜所带电性相反的离子会发生迁移,这是电渗析发生的主要过程。

(2)同离子电荷迁移。在电荷迁移过程中可能与膜所带电荷相同的离子穿过膜,如浓水中阳离子穿过阴膜,阴离子穿过阳膜。这是由于膜的选择透过性无法达到 100%。当膜的选择性固定后,随着浓室盐浓度增加,这种同名离子迁移影响会增大。

(3)电解质浓度差扩散。由于膜两侧溶液会存在浓度差,在浓度差的作用下电解质从浓室向淡室扩散。浓度差越大,扩散速率越高。

(4)水的渗透。由于淡室溶液浓度较低,在渗透压的作用下,淡室的水会向浓室中渗透。水的渗透量取决于浓度差的大小,这会导致淡室的水量降低。

（5）水的电渗透。相反和相同电荷的离子均以水合离子形式存在，在迁移过程中会携带一定数量的水分子，这个过程被称为水的电渗透。当膜两侧的溶液浓差降低时，水的电渗透量会急剧升高。

（6）水的压渗。当浓室和淡室存在压力差时，溶液由压力大的一侧向压力小的一侧扩散，这就是水的压渗。操作中应尽量保持两侧压力基本平衡。

（7）水的电离。电渗析运行中，电流密度和液体流速不同步，电解质离子不能及时地补充到膜的表面，会造成淡水室的水电离产生 H^+ 和 OH^-，从而穿过阳膜和阴膜。

因此，在电渗析传递过程中会同时发生多种复杂过程，其中，反离子电荷迁移是主要过程，其他为次要过程，但次要过程会影响和干扰主要过程的发生。同名离子迁移会影响除盐效果；水的渗透、电渗透和压渗会影响淡室水量，也会影响浓缩效果；水的电离会使耗电量增加，导致浓室极化结垢，从而影响电渗析的正常运行。因此，选择优质的离子交换膜和最佳的电渗析条件消除这些次要过程的影响是很有必要的。

7.6 零排放

在清洁生产的推动下，由末端治理变为事前预防，减少使用有毒的原材料，减少各种废弃物的排放量和毒性，实施循环经济，提高电镀物质、资源的转化率和循环利用率，从源头上削减重金属污染物的产生量，同时采用全过程控制，结合废水综合治理，最终实现废水近零排放。由于水资源的短缺，电镀废水对环境污染的严重危害性，电镀企业实现电镀废水近零排放，是未来发展的必然趋势。

传统粗放型电镀工业模式对水资源、金属资源和能源造成了一定程度的资源浪费，无法满足当前社会可持续发展的需求，电镀工业落后现状亟待改变。零排放技术作为一种具备生态性、科学性的技术手段，积极融入电镀工业当中，能后有效转变传统电镀工业污水处理不良现状，并逐步实现电镀污水排放零污染。为了践行以人为本的生态环保举措，我国对电镀工业污水处理工作进行了翻天覆地的改革。如何在把控电镀质量的同时，科学合理地开展电镀污水处理、实现零排放，已经成为电镀工业发展的最新趋势。

"零排放技术"是在零排放观念基础上引申出来的。所谓"零排放"是指尽可能地减少污染物排放直至为零。在实际开展生产的过程中，利用清洁生产及生态产业等技术，实现对自然资源的完全循环利用，从而不给大气、水体和土壤遗留任何废弃物。针对电镀污水处理工作来说，早在 20 世纪 70 年代，零排放技术便运用于电镀生产当中，因为对资金要求相对较高，导致以"微排放"为主要技术手段的电镀污水处理技术淘汰出局。截至当前，达标排放仍然是当前电镀领域主要选择的污水排放手段。但是零排放技术仍然是电镀污水处理的目标，很多专家学者为此进行了大量的研究和分析。

"零排放"即无排放，不向环境中排放任何污染物质，实现对资源的循环回用，最早来源于 1972 年美国提出争取在 1985 年实现电镀废水"零排放"的计划，1978 年美国电镀协会第 40 号计划中提出漂洗工艺"闭路循环工序化"就是具体落实"零排放"的。在实际生产过程中，物质会不可避免地进入到环境中，因此，理论上废水"零排放"是无法实现的，是一种理想化的污染治理目标，文中所讲的"零排放"，是一种近"零排放"。

从"零排放"的角度来看，使用反渗透法处理电镀废水是一种理想的近"零排放"技术。该种方法不产生污泥渣，渗透出来的水又回到清洗槽使用，而浓缩液则可补充回镀槽。图 7.5 所示为反渗透法处理电镀废水"零排放体系"。在实际应用中，反渗透器中的浓缩液回流到镀槽中，对镀槽中的镀液进行加热蒸发，可以回收毒液中的有用物质。反渗透器的容量无须太大，若增大反渗透器的容量，则需再增加蒸发器。

为解决电镀工业的重污染问题，我国环保政策日趋严厉，众多企业通过新建或改建的方式增加处理设施，达到废水"零排放"，专注产品生产，以期实现经济、环保、社会效益的统一。

实际工程中通常会采用多种技术联合处理的工艺，做到电镀废水分阶段处理、回用，提高废水的回用率。

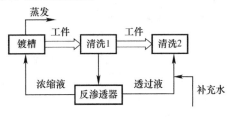

图 7.5 反渗透法处理电镀废水
"零排放体系"

福建某液压件电镀厂位于工业园区内，主要镀硬铬，投资 300 余万元建设电镀废水处理站，采用"分类收集＋化学沉淀法＋膜分离系统＋浓缩蒸发系统"工艺，实现了含铬废水零排放。江苏省某大型电子产品公司，该公司主要从事各类高性能电声器件的生产，配套有电镀工序。建设废水处理站，实现废水的高倍回用，减少排放甚至零排放，该系统中的 3 套膜分别运行于 75％～80％ 回收率之间，整个系统的回收率大于 95％，产水电导率保持在 $150\mu s \cdot cm^{-1}$ 以下，能够确保产水回用至生产线或替代自来水制备纯水。

某特种活塞环厂是我国各大功率柴油机厂活塞环主要配套生产厂，该厂具有一条电镀铬生产生，产生含铬废水 9～15 $m^3 \cdot d^{-1}$，原水中六价铬浓度为 30～50 $mg \cdot L^{-1}$，TDS 500～1 000 $mg \cdot L^{-1}$，采用"化学还原沉淀＋超滤＋反渗透"工艺处理电镀含铬废水，反渗透出水循环回用，浓缩液蒸发结晶，运行后检测，反渗透出水六价铬浓度小于 0.005 $mg \cdot L^{-1}$，TDS 小于 200 $mg \cdot L^{-1}$，反渗透可实现电镀废水处理过程中废水"零排放"。

广东某电镀园区污水处理厂引进德国的先进技术，依照"分流—分类—回收—回用"的污水处理思路，采用"机械负压蒸发"技术、美国陶氏组合膜浓缩技术、德国国内领先的预警与自动化控制系统等，实际每天处理污水 1 000 t，经过化学处理、沉淀、过滤分离、MBR 生物分解、膜组合系统及低耗高效蒸发系统综合处理等流程，形成干净的水全部回用到生产线，整个处理过程中废水利用率达到 99.64％，最终仅仅剩下污泥，交给专业的公司拉走进行无害化处理，达到废水"零排放"。

电镀是制造产业链中不可或缺的重要环节，在环保要求日益提高的形势下，电镀重金属废水近零排放治理方案成为一种趋势。电镀重金属废水近"零排放"治理方案应在以下几个方面得到优化：

（1）优化设计电镀工艺线的建议。

建议优化电镀工艺线，采用自动化控制系统，提高清洁生产水平，符合条件的电镀企业可考虑。采用"电镀槽内一次喷淋回收＋电镀槽外二次喷喷淋回收＋多级逆流漂洗"的清洗方式，减少重金属废水排放量，减轻后端废水处理压力。

（2）细化电镀线废水分质分类处理的建议。

在进行电镀废水处理设计时，应详细分析废水水质，根据各类废水特点，因地制宜地对电镀线废水分质分类处理，可以提高废水预处理的针对性，确保废水稳定处理，降低处理成本。据统计电镀废水分质分类处理，可降低20％的处理成本。

（3）推荐采用电镀废水在线回收工艺的建议。

电镀工件经过多级逆流漂洗后，产生的含重金属废水可通过"活性炭过滤＋阳离子树脂处理"处理后，回用至生产线，经多次循环，电导率达不到回用要求的废水，排入末端处理系统处理，减少含重金属废水中重金属含量及废水排放量，减轻废水末端处理压力。

（4）优先采用废水处理全自动控制系统的建议。

优先采用自动化控制程序，通过传感器和可编程控制器与工业计算机进行化学药品自动添加，以及对液位、pH、ORP进行控制和记录，可准确控制投加的药剂量，节省运行费用，可确保整个处理工艺流程正常运行，减少处理费用。

（5）推荐采用高效反渗透膜的建议。

反渗透技术是电镀废水零排放方案中必不可少、非常关键的环节，RO膜性能直接影响废水处理的效果和费用。一般膜过滤对剩余COD和无机盐的去除率约为90％，如选高性能反渗透膜，可做到极大减少RO浓水量，减小后续浓水蒸发成盐压力。

（6）优先采用MVR高效蒸发器的建议。

MVR是指将蒸发（蒸馏等）过程的二次蒸汽用压缩机进行压缩，提高其温度、压力，重新作为热源加热需要被蒸发的物料，从而达到循环利用蒸汽的目的，使蒸发过程不需要外加蒸汽，从而减少系统对外界能源的需求的高效节能技术。MVR高效蒸发器在运行成本、控制方式均比传统的蒸发器性能优越稳定，在浓水蒸发过程中表现优异，其运行费用是普通蒸发器的1/10～1/3，是多效蒸发器的1/4～1/2。

部分电镀企业在采用电镀废水零排放设备中，在实际操作过程中，浓缩液浓度仅为电镀槽液浓度的40％以下，无法直接回用至电镀槽中。同时，由于浓缩液浓度倍数较低，导致产生的浓度不断积累而无处存放。此外，膜堵塞问题，造成设备运行压力不断增大，产水量大幅降低，浓缩倍数降低。已有的零排放技术还存在结构复杂、投入高、实用性不足等缺点，至今未能推广使用。

第 8 章　电镀废水强化处理技术研究

8.1　O_3/H_2O_2-Fe^{2+}氧化处理化学镀镍废水中次磷酸盐

在化学镀镍过程中，随着自催化还原反应的进行，还原剂次磷酸盐（HP）逐渐氧化，并转化为包括 HP 和亚磷酸盐在内的含氧阴离子混合体系。针对该类污染物，实际通常采用 Fenton 氧化工艺进行处理。反应过程中，HP 和亚磷酸盐首先经羟基自由基氧化形成正磷酸盐，然后通过化学沉淀或中和处理法脱除；同时，Fe^{3+} 作为沉淀剂和悬浮颗粒絮凝剂，进一步促进正磷酸盐沉淀。然而，现行 Fenton 氧化工艺仍然存在诸多弊端，如 pH 适用范围窄、氧化效率低、污泥产生量大等，亟待寻求更加高效的除磷和污泥减量方法。

本节提出一种新型两段式臭氧高级氧化处理工艺（O_3/H_2O_2-Fe^{2+}），以探索其处理含 HP 化学镀镍废水的可行性。反应前段 H_2O_2 和 O_3 协同作用产生更多·OH，在提高次亚磷酸盐氧化效率的同时，拓宽氧化反应有效 pH 适用范围。反应后段考虑到低污染物浓度下臭氧化效率的衰减，利用 Fe^{2+} 二次激发羟基自由基反应。由于在反应前段污染物已被部分氧化，该阶段 Fe^{2+} 添加量及其污泥产生量得以明显减少。

8.1.1　不同初始 pH 条件下氧化工艺效能比较

不同 pH 条件下，不同氧化工艺对 HP 和总磷（TP）处理效果的影响如图 8.1 所示，具体化学反应见表 8.1。可以看出，除 Fenton 氧化工艺和单独 O_3 氧化工艺外，其余氧化工艺在 pH 为 9 时处理效果最佳。就 Fenton 氧化而言，随着 pH 从 3 增加至 13，HP 和 TP 去除效率分别由 68.7%、58.7%降至 10.0%和 6.9%，类似的现象同样存在于柠檬酸盐、活性黑 5（RB5）、酸性绿 25（AG25）、对氨基苯甲酸等其他污染物的氧化降解过程中。在低 pH 下，大量·OH 的产生有助于正磷酸盐的形成。然而，随着初始 pH 的增加，铁源不断转化为氢氧化铁沉淀，其易催化 H_2O_2 分解为水和氧气，不利于·OH 的产生和氧化效率的提高。

针对单独 O_3 氧化工艺，在酸性和中性条件下，臭氧直接氧化反应速率常数相对较低，TP 的去除效果不佳；而在碱性条件下，O_3 逐步分解产生大量·OH，促成 HP 转化为正磷酸盐，表现为较高的反应速率常数。

与单独 O_3 氧化工艺相比，O_3/H_2O_2 氧化工艺对 TP 的去除效率并无明显改变。然而，H_2O_2 的存在有助于产生·OH，加速 HP 的氧化，当 pH 为 9.0 时，其去除效率达到最高（54.5%）。更高 pH 条件下，由羟基离子引发的 O_3 催化反应占主要优势，此时·OH 生成量减少，氧化反应速率降低。此外，HO_2^- 作为自由基泯灭剂，可以以较高的反应速率常数 8.5×10^9 $M^{-1} \cdot s^{-1}$ 清除羟基，这与 HP 去除效率的降低相对应。

$O_3/H_2O_2/Fe^{2+}$ 和 O_3/H_2O_2-Fe^{2+} 氧化工艺遵循相似的变化规律，即随着 pH 的升高，

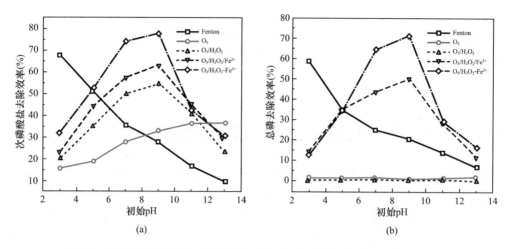

图 8.1 不同 pH 条件下，不同氧化工艺对次磷酸盐和总磷处理效果的影响

HP 去除效率呈先增后减的变化趋势。Fe^{2+} 在氧化系统中主要具有以下作用：①作为催化剂提高 O_3 利用率，具体表现在相同 pH 条件下（pH＝8.0），氧化单位摩尔 HP，不同氧化工艺所需 O_3 摩尔数按高低排序为：O_3（1.41）＞O_3/H_2O_2（0.78）＞$O_3/H_2O_2/Fe^{2+}$（0.69）＞O_3/H_2O_2-Fe^{2+}（0.52）；②与初始 H_2O_2 或次级产物泯灭反应产生的 H_2O_2 作用生成更多的·OH；③参与化学沉淀进一步去除正磷酸盐。值得注意的是，多种氧化剂及催化剂同时使用可能造成负面作用的产生，如自由基泯灭效应、氧化效率降低，这与反应后化学沉淀物的减少相对应（图 8.2）。相同 Fe^{2+} 剂量下，O_3/H_2O_2-Fe^{2+} 氧化工艺具有最佳的除磷效果，HP 和 TP 去除效率可分别达到 78.0％和 71.3％。考虑实际情况下需要添加额外的碱性物质如 CaO、$Ca(OH)_2$ 和 NaOH 进行化学沉淀和 pH 调节，因此，选择中性条件作为最佳反应条件。

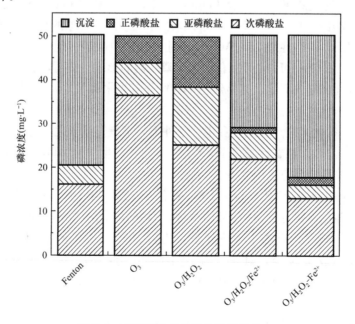

图 8.2 不同氧化工艺磷化物种类分布

涉及的基础化学反应式及速率常数 表 8.1

公式号	反应方程式	反应速率常数 $(M^{-1} \cdot s^{-1})$
8.1	$Fe^{2+} + H_2O_2 \longrightarrow Fe^{3+} + \cdot OH + OH^-$	63
8.2	$O_3 + OH^- \longrightarrow HO_2 \cdot + \cdot O_2^- \longrightarrow \cdot OH$	
8.3	$H_2O_2 \rightleftharpoons HO_2^- + H^+$	
8.4	$O_3 + HO_2^- \longrightarrow \cdot OH + O_2 + O_2^-$	2.8×10^6
8.5	$O_3 + O_2^- \longrightarrow O_2 + O_3^-$	1.6×10^9
8.6	$O_3^- + H^+ \longrightarrow HO_3 \cdot$	5×10^{10}
8.7	$HO_3 \cdot \longrightarrow OH \cdot + O_2$	1.4×10^5
8.8	$HO_2^- + OH \cdot \longrightarrow H_2O + \cdot O_2^-$	8.5×10^9
8.9	$Fe^{2+} + O_3 \longrightarrow Fe^{3+} + \cdot O_3^-$	1.7×10^5
8.10	$\cdot O_3^- + H^+ \longrightarrow O_2 + OH \cdot$	$(5.9) \times 10^{10}$
8.11	$Fe^{2+} + O_3 \longrightarrow FeO^{2+} + O_2$	$8.2 \pm 0.3 \times 10^5$
8.12	$FeO^{2+} + H_2O \longrightarrow Fe^{3+} + OH \cdot + OH^-$	$1.3 \pm 0.2 \times 10^{-2}$
8.13	$2HO_2 \cdot \longrightarrow H_2O_2 + O_2$	8.3×10^5
8.14	$H_2O_2 + OH \cdot \longrightarrow H_2O + HO \cdot_2$	$k_2 = 3.3 \times 10^7$
8.15	$HO_2 \cdot + OH \cdot \longrightarrow H_2O + O_2$	
8.16	$Fe^{3+} + H_2O_2 \longrightarrow Fe^{2+} + H^+ + HO_2 \cdot$	$k_1 = 0.01 \sim 0.02$
8.17	$Fe^{3+} + HO_2 \cdot \longrightarrow Fe^{2+} + H^+ + O_2$	$k_1 = 3.1 \times 10^5$
8.18	$Fe^{2+} + OH \cdot \longrightarrow Fe^{3+} + OH^-$	$k_2 = 4.3 \times 10^8$
8.19	$H_2PO_2^- + OH \cdot \longrightarrow \cdot H_2PO_2^- + H_2O \cdots \longrightarrow H_2PO_3^-$	
8.20	$H_2PO_3^- + OH \cdot \longrightarrow \cdot H_2PO_3^- + H_2O \cdots \longrightarrow H_2PO_4^-$	

8.1.2 臭氧投加量对去除效率的影响

不同 O_3 投加量（$40 \sim 180$ mg·L^{-1}）条件下，$\ln([HP]_0 / [HP]_t)$ 与时间之间的关系如图 8.3（a）所示，相应的表观动力学速率常数见表 8.2。可以看出，$\ln([HP]_0 / [HP]_t)$ 与时间之间具有良好的线性关系（$R^2 > 0.99$），遵循假一级速率方程。然而，拟合直线并未经过原点，其主要归因于初始氧化剂的消耗。在反应前段，表观动力学速率常数的变化趋势表明，随着 O_3 投加量的增加，氧化效率逐渐提高。更高的 O_3 剂量有利于气液传质驱动力的增强以及 HP 与 O_3 的混合接触，进而促进 HP 氧化过程中 · OH 利用率的提高。类似的变化趋势同样存在于反应后段。值得注意的是，该反应段的表观动力学速率常数约为反应前段的 $3 \sim 10$ 倍。对应于 O_3 投加量的增加，HP 和 TP 浓度分别从 12.91 mg·L^{-1} 和 18.89 mg·L^{-1} 降至 0.09 mg·L^{-1} 和 3.54 mg·L^{-1}，这主要归因于反应体系中 O_3、H_2O_2 和 Fe^{2+} 催化剂的协同作用。

当 O_3 投加量由 40 mg·L^{-1} 增至 180 mg·L^{-1} 时，臭氧利用率显著降低（图8.4），表明高剂量条件下 O_3 逸出量逐渐增加。综合考虑处理成本和 HP 去除效率，选择 O_3 投加量为 75 mg·L^{-1} 作为后续实验的最佳条件。在该条件下 HP 和 TP 浓度分别为 4.41 mg·L^{-1} 和 14.38 mg·L^{-1}，远高于电镀污染物排放标准。

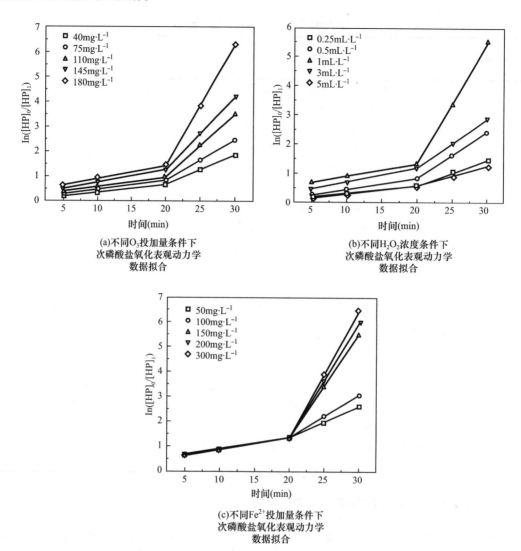

(a)不同O_3投加量条件下
次磷酸盐氧化表观动力学
数据拟合

(b)不同H_2O_2浓度条件下
次磷酸盐氧化表观动力学
数据拟合

(c)不同Fe^{2+}投加量条件下
次磷酸盐氧化表观动力学
数据拟合

图8.3 不同 O_3 投加量、H_2O_2 浓度和 Fe^{2+} 投加量条件下次磷酸盐氧化表观动力学数据拟合（初始条件
分别为：(a) 次磷酸盐浓度 50 mg·L^{-1}，H_2O_2 浓度 0.5 mL·L^{-1}，Fe^{2+} 投加量 150 mg·L^{-1}，初始
pH 8.0；(b) 次磷酸盐浓度 50 mg·L^{-1}，O_3 投加量 75 mg·L^{-1}，Fe^{2+} 投加量 150 mg·L^{-1}，初始
pH 8.0；(c) 次磷酸盐浓度 50 mg·L^{-1}，O_3 投加量 75 mg·L^{-1}，H_2O_2 浓度 1.0 mL·L^{-1}，初始 pH 8.0)

不同臭氧投加量条件下次磷酸盐氧化表观动力学速率常数　　　　　　表8.2

臭氧投加量 (mg·L^{-1})	一段反应			二段反应		
	k_{app}（min^{-1}）	间距	R^2	k_{app}（min^{-1}）	间距	R^2
40	0.033	0.009	0.999	0.118	−1.681	0.998
75	0.036	0.084	0.999	0.162	−2.439	1
110	0.037	0.200	1	0.255	−4.169	1
140	0.051	0.226	1	0.294	−4.609	1
180	0.053	0.352	0.998	0.492	−8.451	1

8.1.3　过氧化氢浓度对去除效率的影响

不同 H_2O_2 浓度（$0.25\sim5$ mL·L^{-1}）对 HP 去除效率的影响如图 8.3（b）所示，相应的表观动力学速率常数见表 8.3。在反应前段，随着 H_2O_2 浓度的增加，HP 氧化效率不断增强，在 3 mL·L^{-1} 时表观动力学速率常数达到最高，为 0.050 min^{-1}，继续增加 H_2O_2 浓度，氧化效率有所下降。Zhang 等认为增加 H_2O_2 浓度有助于产生反应性·OH，然而，局部过量的 H_2O_2 浓度可能导致·OH 的泯灭和低活性过氧自由基·HO_2 的生成。类似地，在第二阶段，

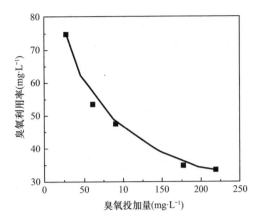

图 8.4　臭氧投加量与利用率之间的关系

表观动力学速率常数首先由 0.085 min^{-1} 增至 0.417 min^{-1}，然后急剧下降至 0.059 min^{-1}。因此，考虑到 H_2O_2 的负面效应，将 H_2O_2 浓度设定为 1.0 mL·L^{-1}，以避免出水 HP 和 TP 浓度的增加。

不同 H_2O_2 浓度条件下次磷酸盐氧化表观动力学速率常数　　　　表 8.3

H_2O_2 投加量 (mL·L^{-1})	一段反应			二段反应		
	k_{app}(min^{-1})	间距	R^2	k_{app}(min^{-1})	间距	R^2
0.25	0.026	0.045	0.934	0.085	−1.104	0.948
0.5	0.036	0.084	0.999	0.162	−2.433	1
1	0.042	0.471	1	0.417	−8.046	1
3	0.050	0.196	0.998	0.168	−2.154	1
5	0.030	0.011	0.992	0.059	−0.593	0.997

8.1.4　亚铁投加量对去除效率的影响

为了阐明 Fe^{2+} 对磷化物的脱除作用，考察不同 Fe^{2+} 投加量（$50\sim300$ mg·L^{-1}）下 HP 的氧化效率，相关结果如图 8.3（c）和表 8.4 所示。在反应前段，表观动力学速率常数基本恒定在 0.042 min^{-1}。由于正磷酸盐易与 Fe^{3+} 发生自发沉淀反应，易导致 Fe^{2+} 再生反应受阻。因此，适量 Fe^{2+} 的投加是维持·OH 形成的必要条件，Huang 等指出相应的 [Fe^{2+}] / [HP] 最低值应为 1.5。随着 Fe^{2+} 投加量的增加，表观动力学速率常数不断增加，主要是因为大量 Fe^{2+} 通过电子转移机制催生·OH。当 Fe^{2+} 投加量为 150 mg·L^{-1} 时，出水 HP 和 TP 浓度满足电镀污染物排放标准（< 0.5 mg·L^{-1}）。但继续增加 Fe^{2+} 投加量，TP 去除效率略有下降（图 8.5）。这可能是由过量 Fe^{2+} 的泯灭效应造成。需要指出的是，HP 经快速氧化后首先转化为亚磷酸盐，其次再缓慢氧化为正磷酸盐，这对应于高 Fe^{2+} 投加量条件下亚磷酸盐、正磷酸盐和 TP 浓度的反弹。Fe^{2+} 投加量为 150 mg·L^{-1} 条件下，Fe^{2+} 投加时间与次磷酸盐氧化表观动力学速率常数间的关系如图 8.6 所示。由图可知，Fe^{2+} 投加时间对表观动力学速率常数影响显著。当 Fe^{2+} 投加时间为 5 min 时，受自

由基清除作用影响，k_{app} 值相对较低。延迟 Fe^{2+} 投加时间有利于增加表观动力学速率常数，在 Fe^{2+} 投加时间为 25 min 时，k_{app} 达到最高值 0.093 min^{-1}，之后则降低至 0.048 min^{-1}。因此，确定最佳 Fe^{2+} 投加时间为 20~25min。

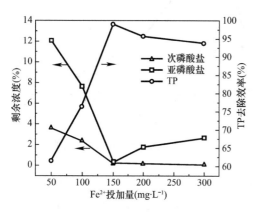

图 8.5 Fe^{2+} 投加量对次磷酸盐、亚磷酸盐和总磷去除效率的影响

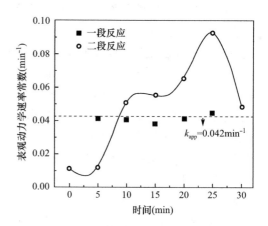

图 8.6 Fe^{2+} 投加时间与次磷酸盐氧化表观动力学速率常数间的关系

不同 Fe^{2+} 投加量条件下次磷酸盐氧化表观动力学速率常数　　　表 8.4

Fe^{2+} 投加量 (mg·L^{-1})	一段反应			二段反应		
	k_{app} （min^{-1}）	间距	R^2	k_{app} （min^{-1}）	间距	R^2
50	0.043	0.456	0.999	0.131	−1.314	0.998
100	0.042	0.470	1	0.174	−2.152	0.999
150	0.042	0.471	1	0.417	−8.046	1
200	0.042	0.475	1	0.464	−8.955	1
300	0.042	0.473	1	0.512	−8.915	1

8.1.5　固体沉淀产物表征

对中和处理前后氧化反应产生的固体沉淀物进行 SEM 表征（图 8.7）。由图可知，未经中和处理的固体沉淀物呈分散分布，颗粒平均直径介于 4~10 mm 范围内（图 8.7（a））；经中和处理后，沉淀物呈块状结构且相对致密（图 8.7（b））。这主要归因于中和后铁系氢氧化物的形成及其与 Fe-P 沉淀物之间的相互作用。Boonrattanakij 指出，在典型的 Fenton 反应条件下，自由基反应的引发通常导致铁离子以氢氧化铁形式形成沉淀。在这种情况下，除少量 Fe-P 沉淀和氢氧化物沉淀外，金属离子主要以溶解阳离子形态存在。随着 pH 的增加，更多的游离态金属阳离子转化为相应的不溶性氢氧化物。当 pH 为 7 时，不溶性氢氧化物占主导地位，其可以作为吸附剂和悬浮颗粒絮凝剂进一步增强 Fe-P 沉淀物的去除效率。因此，中和处理后沉淀物发生聚集，颗粒粒径相对增加。SEM 图标记区域所对应的 EDS 谱如图 8.7（c）和图 8.7（d）所示。未经中和处理的固体沉淀物中 Fe、P 和 O 元素含量分别为 18.22%、18.71% 和 64.07%。中和处理进一步促进 Fe-P 沉淀物的脱除，表现为 Fe（24.76%）和 P（20.76%）元素含量的提

高。此外，元素质量比例 Fe/P 和 Fe/O 分别由 1.028、0.284 增加至 1.192 和 0.452，反映出固体沉淀物化学组成的变化。当最终 pH 低于 7 时，磷酸铁沉淀物（Fe/P=1，Fe/O=0.25）所占比例超过 94%，磷酸亚铁沉淀（Fe/P=1.5，Fe/O=0.375）仅为 6%。随着 pH 增加至 7，沉淀物种更趋多元化，包括各种磷酸铁、磷酸亚铁、氢氧化铁（Fe/O=0.333）和氢氧化亚铁（Fe/O=0.5），其中 Fe-P 沉淀物和金属氢氧化物所占比例分别约为 67% 和 33%。可以判断，在中和处理前回收高纯 Fe-P 化合物并加以资源化利用，有利于减少后续污泥产生及处理压力。

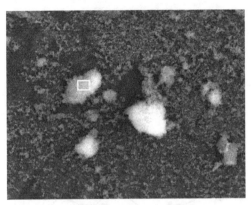
(a)中和反应前固体反应物的SEM图

(b)中和反应后固体反应物的SEM图

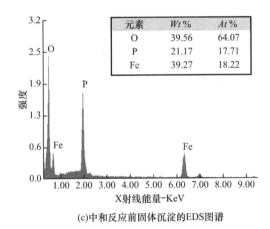

元素	$Wt\%$	$At\%$
O	39.56	64.07
P	21.17	17.71
Fe	39.27	18.22

(c)中和反应前固体沉淀的EDS图谱

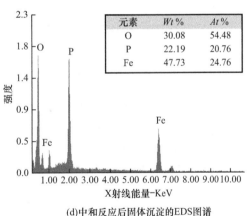

元素	$Wt\%$	$At\%$
O	30.08	54.48
P	22.19	20.76
Fe	47.73	24.76

(d)中和反应后固体沉淀的EDS图谱

图 8.7　中和反应前及中和反应后固体沉淀物的 SEM 图和对应的 EDS 图谱

8.1.6　含次磷酸盐实际废水处理

基于上述实验可以得知，相对 Fenton 氧化工艺而言，O_3/H_2O_2-Fe^{2+} 氧化工艺 pH 适用范围更加宽泛。通过去除效率、污泥产生量和处理成本的比较研究，进一步评估 O_3/H_2O_2-Fe^{2+} 工艺的氧化效能。试验用实际废水水质呈波动性变化（表 8.5），平均 TP 浓度范围介于 40~60 mg·L^{-1} 之间（图 8.8）。O_3/H_2O_2-Fe^{2+} 氧化工艺初始 pH 和水力停留时间（HRT）分别设定为 7h 和 1 h；Fenton 工艺初始 pH 和 HRT 分别设定为 3h 和 3 h。相应的化学试剂投加量列于表 8.6。试验结束后通过 $Ca(OH)_2$ 调节 pH。

化学镀镍废水实际水质特性　　　　　　　表 8.5

水质参数	数值范围（mg·L^{-1}）
pH	5.1～5.2
次磷酸盐（以 P 计）	36.24～38.01
亚磷酸盐（以 P 计）	5.47～14.07
正磷酸盐（以 P 计）	1.58～2.26
总磷（TP，以 P 计）	42.77～58.94
化学需氧量（COD）	59.07～124.37
总有机碳（TOC）	19.23～91.62
N_i^{2+}	14.05～28.71
C_u^{2+}	12.87～19.43

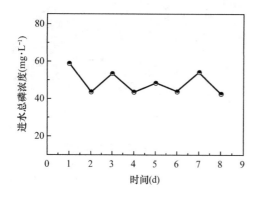 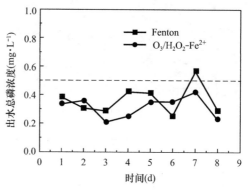

图 8.8　Fenton 和 O_3/H_2O_2-Fe^{2+} 工艺进水和出水总磷浓度变化

连续处理后出水 TP 浓度如图 8.8 所示。可以发现，O_3/H_2O_2-Fe^{2+} 具有更高的去除效率，其出水 TP 浓度始终低于 0.5 mg·L^{-1}。然而，Fenton 工艺出水 TP 浓度时有超标，尤其是针对高浓度 TP 进水。在出水 TP 达标情况下，芬顿工艺所需化学试剂和 HRT 更高，约为 O_3/H_2O_2-Fe^{2+} 氧化工艺的 1.5～4 倍。此外，与 Fenton 工艺相比，O_3/H_2O_2-Fe^{2+} 污泥产生量可减少 30％以上（图 8.9）。

对实际废水处理过程涉及的相关费用包括化学试剂、耗电量、每立方米废水处理产生的污泥转运等进行成本估算，结果见表 8.6。需要指出的是，电力消耗仅指 O_3 发生器产生 O_3 的费用，其他费用如废水采集和化学试剂的投加费用均忽略不计以便简化计算。结果表明，Fenton 工艺和 O_3/H_2O_2-Fe^{2+} 工艺处理费用分别为 12.79 元/m^3 和 8.88 元/m^3。与 Fenton 工艺相比，O_3/H_2O_2-Fe^{2+} 工艺可以节省近 1/4 处理费用，其主要归因于污泥产生量和 Fenton 试剂的减少。

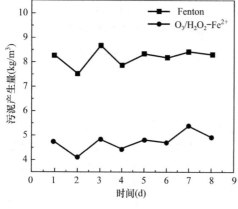

图 8.9　Fenton 和 O_3/H_2O_2-Fe^{2+} 工艺污泥产生量比较

表 8.6　Fenton 和 O_3/H_2O_2-Fe^{2+} 工艺处理含次磷酸盐化学镀镍实际废水经济性和成本评估

工艺名称	TP浓度 (mg·L⁻¹)	FeSO₄·7H₂O 投加量 (mg·L⁻¹)	H₂O₂(30%) 浓度 (mL·L⁻¹)	H₂SO₄ 消耗量 (g·L⁻¹)	NaOH 消耗量 (g·L⁻¹)	PAC 消耗量 (g·L⁻¹)	PAM 消耗量 (g·L⁻¹)	Ca(OH)₂ 消耗量 (g·L⁻¹)	电力消耗费用 (元)	污泥转运费 (元)	合计 (元)
Fenton	40—60	250	3.0	0.25	0	0.07	0.07	1.00	0	8.09	12.79
O_3/H_2O_2-Fe^{2+}	40—60	150	1.0	0	0.23	0	0	0.60	2.48	4.34	8.88

注：化学试剂单价如下：$FeSO_4·7H_2O$ 0.25 元/kg，H_2O_2(30%) 0.9 元/kg，H_2SO_4 1 元/kg，NaOH 2.5 元/kg，PAC 1.3 元/kg，PAM 10 元/kg，$Ca(OH)_2$ 0.65 元/kg，电力消耗费用 1.1 元/(kW·h)，污泥转运费 1.0 元/kg。

8.2 微波/过氧化氢氧化处理高浓度 Cu-EDTA 模拟废水

以 Cu-EDTA 为典型代表的重金属络合物普遍存在于化学镀铜工业废水中，该类物质具有络合稳定性高、可生化降解性差和急性毒性强等特性，易对水体、土壤环境及人体健康造成严重威胁。利用高级氧化（如 Fenton 氧化、臭氧氧化、非均相催化氧化、光/电/超声/微波催化氧化等）预先破坏重金属与有机物之间的配位键，在氧化降解有机物的同时实现金属离子的游离释放，是现阶段处理重金属-络合物的主流策略。

微波（Microwave，MW）可以实现分子水平加热，具有降低极性分子反应活化能和提高污染物处理效率等特点，将其与过氧化氢耦合（MW-H_2O_2），可强化 H_2O_2 解离生成羟基自由基（·OH），并提高 H_2O_2 利用率，适用于阳离子染料、苯酚、磺化芳香化合物、农药等诸多难降解有机污染物的氧化降解。本节通过小试实验考察反应时间、初始 pH、H_2O_2 投加量、微波功率以及共存物质等因素对 MW-H_2O_2 工艺处理 Cu-EDTA 效能的影响，并从去除效率、产泥量和出水电导率等方面与传统 Fenton 工艺进行对比，为实际化学镀铜废水的绿色高效处理提供理论依据。

8.2.1 初始 pH 对处理效率的影响

溶液 pH 直接决定着反应过程中重金属的形态分布、催化剂的反应活性及 H_2O_2 的稳定性。当 Cu-EDTA 初始浓度为 1.57 mmol·L^{-1}，H_2O_2 投加量为 41 mmol·L^{-1}，微波功率为 210 W，反应时间为 10 min 时，初始 pH（pH_0）对 MW-H_2O_2 工艺处理效率的影响如图 8.10 所示。

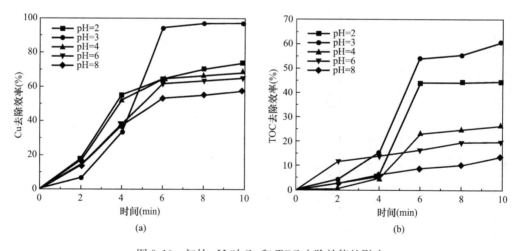

图 8.10　初始 pH 对 Cu 和 TOC 去除效能的影响

受溶液 pH、微波效应、重金属络合物形态变化以及过渡金属催化等多因素综合作用，反应过程中 Cu 和 TOC 去除率的变化较为复杂，但其最终去除率随 pH_0 的增加均呈先升后降的趋势，并在 pH_0 为 3 时达到最佳，分别为 98.1% 和 60.6%。pH_0 较低时，受过量 H^+ 影响，H_2O_2 发生无效损耗［式（8.1）］并生成反应活性较低的水合氢离子［式（8.2）］，其无法促成 Cu-EDTA 的有效降解，因而表现出较低的去除率。当 pH_0 增

加至 3 时，经微波及 Cu^{2+} 催化作用，H_2O_2 可实现·OH 的稳定转化［式（8.3）～
（8.7）］，且 Cu-EDTA 质子化产物 $CuHEDTA^-$ 更易与·OH 结合，从而对 Cu 和 TOC 的
去除具有促进作用。当 pH_0 大于 3 时，体系去除率明显降低，主要归因于：①偏中性和碱
性条件下，·OH 氧化还原电位（E_0）逐渐衰减；②pH_0 高于 4.2 时，游离态 Cu^{2+} 逐渐沉
淀，导致羟基自由基产生量不断减少；③碱性条件下，氧化中间产物 Cu^{3+} 成为主要活性
物质，较·OH 而言其活性偏低，不利于氧化破络和有机碳矿化的进行。

$$\cdot OH + 2H^+ + 2e^- \longrightarrow H_2O \tag{8.1}$$

$$H_2O_2 + H^+ \longrightarrow H_3O_2^- \tag{8.2}$$

$$H_2O_2 + MW \longrightarrow \cdot OH \tag{8.3}$$

$$H_2O_2 + Cu^{2+} \longrightarrow Cu^+ + H^+ + HO_2 \cdot \tag{8.4}$$

$$H_2O_2 + Cu^+ \longrightarrow Cu^{2+} + OH^- + \cdot OH \tag{8.5}$$

$$H_2O_2 + Cu^+ + 2H^+ \longrightarrow Cu^{3+} + 2H_2O \tag{8.6}$$

$$Cu^{3+} \longrightarrow Cu^{2+} + \cdot OH + H^+ \tag{8.7}$$

8.2.2 H_2O_2 投加量对处理效率的影响

在 Cu-EDTA 初始浓度为 $1.57\ mmol \cdot L^{-1}$，pH_0 为 3，微波功率为 210 W，反应时间
为 10 min 条件下，考察 H_2O_2 投加量对 MW-H_2O_2 工艺处理效率的影响，如图 8.11 所示。
由图可知，当 H_2O_2 投加量从 $8\ mmol \cdot L^{-1}$ 增加至 $41\ mmol \cdot L^{-1}$ 时，Cu 去除率从 55.0%
提高至 96.9%，TOC 去除率从 29.9% 上升至 60.6%。适量浓度的 H_2O_2 有利于体系氧化
效能的提高，但过量 H_2O_2 易与·OH 发生副反应［式（8.8）～（8.10）］，对 TOC 去除
率的进一步提高具有抑制效应。Cu 去除效率表现出不同的变化差异，主要归因于不同的
去除机理。Kabdaşlı 等认为仅通过氧化部分有机物，即可破坏金属-络合物间的配位键，
从而促进络合态重金属向游离态转变。因此，相对于有机物的完全矿化，络合态重金属的
游离需要较少的羟基自由基。在本研究中，H_2O_2 泯灭情况下产生的羟基自由基仍能满足
络合体系的破络，但削弱了 TOC 的去除能力，因而表现出不同氧化特性。综合污染物去
除效率及经济性考虑，确定该初始条件下的最佳 H_2O_2 投加量为 $41\ mmol \cdot L^{-1}$。

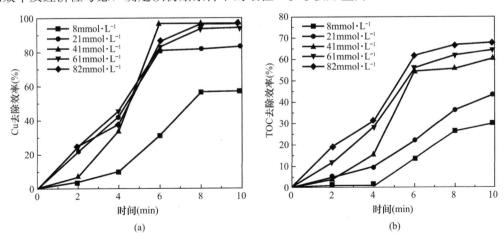

图 8.11 H_2O_2 投加量对 Cu 和 TOC 去除效能的影响

$$H_2O_2 + \cdot OH \longrightarrow HO_2 \cdot + H_2O \qquad (8.8)$$

$$\cdot OH + HOO \cdot \longrightarrow O_2 + H_2O \qquad (8.9)$$

$$\cdot OH + \cdot OH \longrightarrow H_2O_2 \qquad (8.10)$$

8.2.3 微波功率对处理效率的影响

在 Cu-EDTA 初始浓度为 1.57 mmol·L^{-1}，H_2O_2 投加量为 41 mmol·L^{-1}，pH_0 为 3，反应时间为 10 min 时，微波功率对体系中 Cu 和 TOC 去除效率的影响如图 8.12（a）和图 8.12（b）所示。随着微波功率的增强，污染物分子热运动加剧，反应体系升温速率明显加快，达到沸腾温度所需的时间迅速缩短（图 8.12（c））。Liu 等认为高温条件有利于加速 H_2O_2 解离形成·OH，增加污染物分子与·OH 间的反应概率。因此，该反应阶段（即 0～6 min 范围内）微波功率的增强对体系中 Cu 和 TOC 的去除具有促进作用。然而，恒定温度条件下（即 6～10 min 范围内），微波功率的增强并未明显改变 Cu 和 TOC 的去除效率，当微波功率高于 210 W 时甚至表现出一定的降解抑制作用，这可能是由于在高微波功率下反应体系剧烈的分子热运动导致·OH 之间的自由基终止反应。Zalat 和

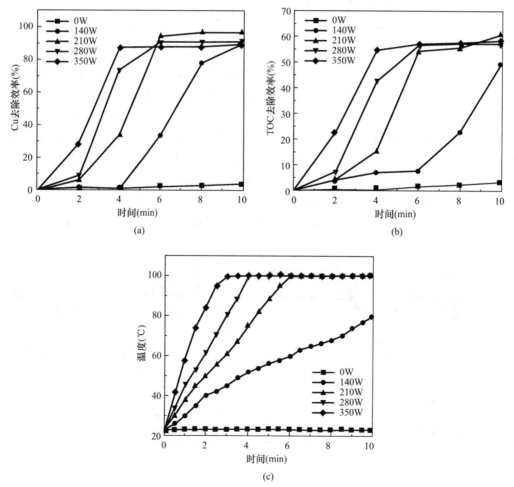

图 8.12　微波功率对 Cu 和 TOC 去除效能的影响及反应体系温度变化的影响

Elsayed 指出，微波的致热效应主要源于水和极性分子对微波能量的吸收，而非热效应则对应于温度及其他过程参数恒定条件下反应体系化学、生化或物理行为的改变。可以看出，MW-H_2O_2 工艺氧化降解 Cu-EDTA 过程中，微波具有双重作用。考虑到高功率微波的能耗及其抑制作用，确定最佳微波功率为 210 W。

8.2.4　共存物质对处理效率的影响

结合实际废水中共存物质组成及其浓度分布，选择浓度均为 10 mmol·L^{-1} 的 Cl^-、NO_3^-、$H_2PO_4^-$ 和浓度为 1.5 mmol·L^{-1} 的酒石酸（Tartaric Acid，TA）为典型代表，研究共存物质对 MW-H_2O_2 工艺去除 Cu 和 TOC 的影响，如图 8.13 所示。

由图 8.13 可知，Cl^- 存在情况下，反应初期（<4 min）Cu 和 TOC 去除率明显降低，可能是因为 Cl^- 与 Cu-EDTA 氧化破络释放的游离态 Cu^{2+} 反应生成 $CuCl^+$、$CuCl_2$ 等络合物，阻碍 Cu^{2+} 催化 H_2O_2 产生·OH；随着体系温度不断上升，上述络合物逐渐失稳而重新解离，因此最终去除率与对照组几乎无差异。理论上，在酸性条件下，NO_3^- 可以与 Cu^+ 发生氧化反应，降低·OH 生成量［式（8.11）］，对有机物的氧化降解具有抑制作用。然而，随着反应的进行，NO_3^- 不断被消耗并以 NO_2 气态形式逸出，表现为抑制的作用逐渐削减。在微波辐射作用下，Cu-EDTA 的氧化破络过程受 NO_3^- 干扰较小，Cu 和 TOC 去除率变化趋势几乎与对照组完全一致。由于 $H_2PO_4^-$ 具有还原性，易与 Cu-EDTA 争夺·OH，进而被氧化为次磷酸根和磷酸根，因此反应初期 Cu 及 TOC 去除率相对较低；而反应 4 min 后去除速率大幅增加，与对照组相比最终去除率略有提高，可能是因为 Cu^{2+} 与磷酸根生成的淡蓝色 $Cu_3(PO_4)_2$ 沉淀在微波作用下具有"热点"效应，从而增强了体系的氧化效能。酒石酸作为有机络合剂，可以与 Cu 形成多配体络合物，不利于 Cu 以及 TOC 的去除；此外，由于亲电子剂·OH 可以与富电子有机化合物进行非选择性反应，因此自身氧化降解过程中，酒石酸将竞争性消耗·OH，进而导致 Cu-EDTA 氧化降解过程中 Cu 和 TOC 去除效率的显著降低。

$$Cu^+ + NO_3^- + 2H^+ \longrightarrow Cu^{2+} + NO_2 + H_2O \tag{8.11}$$

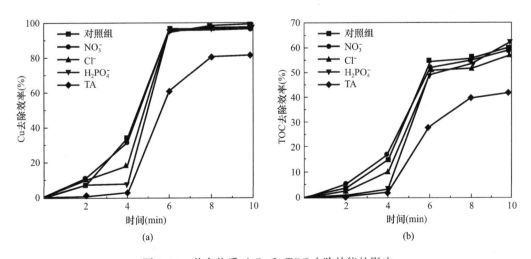

图 8.13　共存物质对 Cu 和 TOC 去除效能的影响

8.2.5 MW-H_2O_2 工艺处理 Cu-EDTA 机制分析

为进一步了解 MW-H_2O_2 工艺处理 Cu-EDTA 的反应机制，在 Cu-EDTA 初始浓度为 1.57 mmol·L^{-1}，pH_0 为 3，H_2O_2 投加量为 41 mmol·L^{-1}，微波功率为 210 W 情况下，考察 Cu-EDTA 降解过程中紫外-可见光吸收光谱随时间的变化，结果如图 8.14 所示。Cu-EDTA 紫外特征吸收峰位于 240 nm 附近，主要归因于重金属-有机络合物体系中电子给予体 EDTA 与电子接受体 Cu^{2+} 之间产生的电荷转移跃迁。经 MW-H_2O_2 工艺氧化处理 3 min 后，该特征峰吸光度略有减少，表明部分 Cu-EDTA 络合体系开始被破坏。当反应时间延长至 4 min 时，240 nm 处特征峰基本消失，主要特征吸收峰蓝移至 210 nm 附近，并在 240 nm 处伴有肩峰产生。Xu 等认为前者主要归属于 Cu-ED2A 和 Cu-EDMA，而后者主要归属于 Cu-IMDA 和 Cu-NTA。可以推测，在该阶段 Cu-EDTA 几乎被完全氧化，并生成 Cu-ED2A、Cu-EDMA、Cu-IMDA 和 Cu-NTA 等多种中间产物。微波反应 4～6 min 范围内，上述中间产物大幅降解，表现为主要特征吸收峰的不断蓝移及肩峰吸光度的显著降低，这与最佳条件下 Cu 和 TOC 的快速去除相吻合。当反应时间达到 8～10 min 时，反应基本达到平衡，仅 206 nm 处存在特征吸收峰。Huang 等指出，Cu-EDTA 的降解路径主要是去羧基化（图 8.15），在矿化不彻底时生成羧酸类中间产物（如水合乙醛酸、草酸等）。因此，反应体系中仍有部分羧酸类物质未完全降解，这与 TOC 最终去除效率（60.7%）相一致。

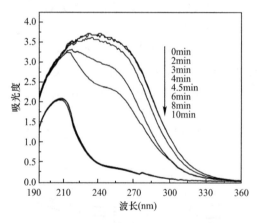

图 8.14 Cu-EDTA 降解过程紫外吸收光谱变化

Cu-EDTA 氧化降解过程中对应的氨氮（NH_4^+-N）、无机碳（IC）浓度和 pH 变化如图 8.16 所示。随着反应时间的增加，NH_4^+-N 不断累积。在微波作用 2～4 min 时其增长速率最为明显，这表明经微波作用后，Cu-EDTA 分子结构中—N—（CH_2—COOH）—官能团优先发生 N—C 断裂生成水合乙醛酸，并进一步氧化降解形成 NH_4^+-N；而反应后期 NH_4^+-N 浓度的增长则主要归因于 Cu-EDTA 脱酸中间产物形成的小分子有机酸的进一步降解。对应于 NH_4^+-N 浓度的变化，反应体系 pH 从初始值 3 自发增长至 8，可以推测其增加原因主要是 NH_4^+-N 的生成以及脱酸中间体的质子化作用。此外，IC 随时间增加呈缓慢增长趋势，表明有机物矿化产生的 CO_2 对反应体系 pH 的变化影响较小。

8.2.6 污泥组成分析

对 MW-H_2O_2 工艺污泥产物组成进行了 XPS 分析，结果如图 8.17（a）所示。由图可知，沉淀产物主要由 Cu 和 O 两种元素构成，其中 Cu 元素结合能在 933.6 eV 及 953.7 eV 处存在显著特征峰，且在 962.2 eV 及 941.4 eV 处具有明显的震激伴峰（图 8.17（b）），

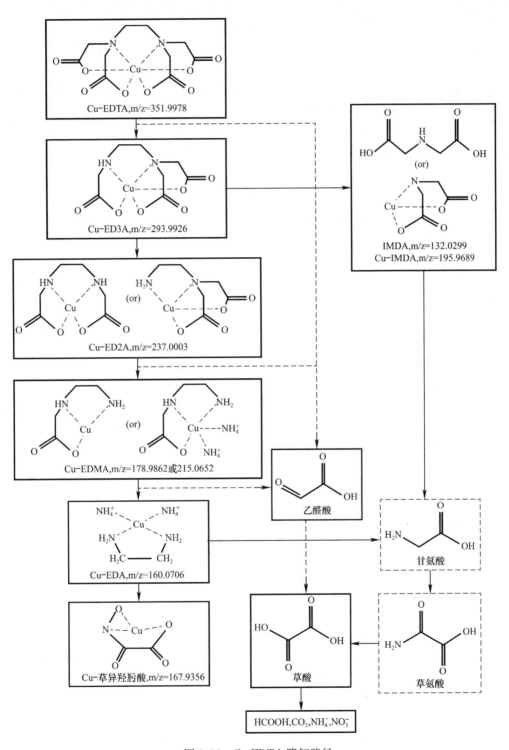

图 8.15　Cu-EDTA 降解路径

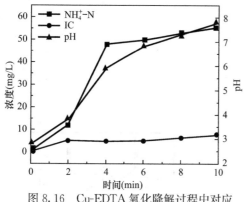

图 8.16 Cu-EDTA 氧化降解过程中对应的 NH_4^+-N、IC 浓度及 pH 变化

表明 Cu 元素主要以 +2 价形式存在。O 元素结合能在 529.9 eV 处存在最高吸收峰，对应于 CuO 中 O 结合能，因此推断沉淀污泥的主要成分为 CuO。此外，污泥产物的 XRD 图谱如图 8.18 所示。通过 MDI-Jade 软件分析，其与 CuO 晶型理论衍射峰基本相同，这与 XPS 结果相一致。综合上述结论，推测在 Cu-EDTA 降解过程中，络合态 Cu 逐渐转换为游离态 Cu，并形成氢氧化物沉淀，但受微波致热效应影响，$Cu(OH)_2$ 在高温条件下分解为 CuO 与 H_2O。

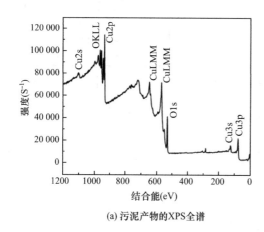

(a) 污泥产物的 XPS 全谱

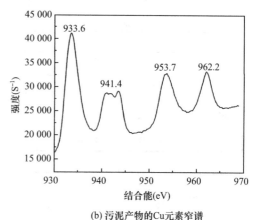

(b) 污泥产物的 Cu 元素窄谱

图 8.17 污泥产物的 XPS 全谱及 Cu 元素窄谱

8.2.7 不同处理工艺性能比较

在 Cu-EDTA 浓度为 1.57 mmol·L^{-1}，初始 pH 为 3，H_2O_2 投加量为 41 mmol·L^{-1}，反应时间为 10 min 条件下，从氧化效能、出水电导率、产泥量及 H_2O_2 残余浓度角度，综合对比 MW-H_2O_2 工艺（微波功率为 210 W）与 Fenton 工艺（Fe^{2+} 浓度为 26.8 mmol·L^{-1}）处理性能，见表 8.7。相比 Fenton 工艺，MW-H_2O_2 工艺表现出对 H_2O_2 的高效利用，具有优越的氧化效能，反应 10 min 后 Cu 和 TOC 去除率高达 98.0% 和 60.7%。由于未额外投加催化剂 Fe^{2+}，其出水电导率及产泥量均较低，分别

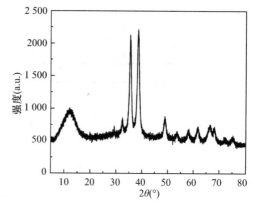

图 8.18 污泥产物的 XRD 图谱

为 1.8 ms·cm^{-1} 和 0.15 g·L^{-1}，这无疑有利于生化反应及污泥的后续处理。因此，针对含 Cu-EDTA 废水的氧化处理，MW-H_2O_2 工艺较传统 Fenton 工艺更具优势。

不同工艺氧化效能、出水电导率、产泥量及过氧化氢残余浓度比较　　表8.7

工艺类型	Cu 去除率（%）	TOC 去除率（%）	出水电导率（ms·cm^{-1}）	污泥产量（g·L^{-1}）	残余 H$_2$O$_2$ 浓度（mmol·L^{-1}）
Fenton 工艺	72.4	36.6	2.2	1.62	9.1
MW-H$_2$O$_2$ 工艺	98.0	60.7	1.8	0.15	0.0

8.3　非均相湿式催化过氧化氢氧化处理 Ni-EDTA

基于催化湿式过氧化氢氧化（CWPO）工艺，在非均相催化剂作用下，激发 H$_2$O$_2$ 产生强氧化性·OH 是处理高浓度、难降解污染物的重要技术途径。然而截至目前，以铜系过渡金属为典型代表的非均相催化剂，如 Cu/13X 沸石、Cu/α-Al$_2$O$_3$、Cu/SBA-15 等普遍存在催化剂稳定性差、活性组分易流失等问题。通过筛选或构造具有特殊结构和性能的催化剂载体材料，或改进催化剂制备工艺可有效提高催化剂活性，抑制活性组分溶出。

作为纸浆制造和生物炼制乙醇的副产物，碱性木质素经高温热解最终炭化为类石墨化生物炭，其乱层结构有助于活性组分的嵌入和固定。Zazo 等对碱性木质素进行化学（FeCl$_3$）—高温活化处理，获得的木质素炭负载型铁系催化剂具有比表面积大、活性组分分散性强、催化性能稳定性高等特点；相比传统溶液浸渍法，高温活化可显著削减催化氧化降解过程中金属浸出量。课题组前期研究发现，在木质素热解过程中掺入适量胶原蛋白，可以促进高度稠环芳环体系的生长和交联，进而赋予共混体系优异的黏结性能和力学性能。以木质素、胶原蛋白为原料，通过共混热解法制备生物碳基铜系催化剂，以期进一步提高铜相活性组分的固载强度。

8.3.1　催化剂性能比较及结构表征

当焙烧温度为 800 ℃，Cu 掺量为 10%，胶原蛋白与木质素质量比例（C/L）为 5∶1 时，考察不同制备方法对 CWPO 工艺处理 Ni-EDTA 效果的影响，如图 8.19 所示。与传统溶液浸渍法（I-Cu/C）相比，共混热解法制备的催化剂（P-Cu/C）具有较高的催化活性，Ni 和 TOC 去除率分别提高 13.05% 和 16.63%，且催化氧化降解过程中 Cu^{2+} 溶出量仅为 1.73 mg·L^{-1}，降低幅度高达 93.54%。原因可解释为：传统浸渍法一般基于孔内扩散或表面吸附原理固载活性组分，而共混热解法则主要依赖木质素/胶原蛋白的黏结效应。在共混过程中，木质素、胶原蛋白、活性组分呈均质分布，有利于催化活性的提高；经高温作用后，木质素/胶原蛋白协同碳化，并通过表面吸附、嵌入、包埋等多种形式固定活性组分，有效控制其流失，从而表现出更加优异的稳定性能。

图 8.20 所示为不同制备方法下铜系催化剂的 XRD 图谱。由图可知，I-Cu/C 中结晶态物质主要以 Cu（2θ 为 43.29°、50.43°、74.13°）、Cu$_2$O（2θ 为 36.5°）和 CuO（2θ 为 35.4°、

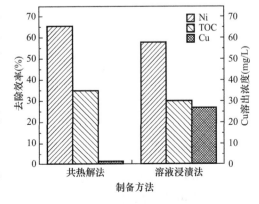

图 8.19　制备方法对催化剂性能的影响

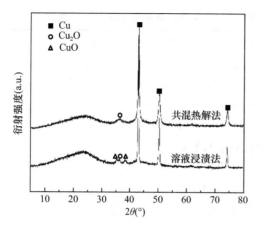

图 8.20　不同制备方法下铜系催化剂的 XRD 图谱

38.5°）为主，而 P-Cu/C 中结晶态物质仅以 Cu 和 Cu_2O 形式存在。Priyanka 等认为加热状态下，负载型铜系活性组分还原反应历程（$Cu^{2+}\longrightarrow Cu^{+}\longrightarrow Cu^{0}$）主要取决于铜系氧化物的分布状态和载体性质，一般而言，分散相粒径越小，晶体分布越均匀，还原反应所需的温度越低。相同焙烧温度下，P-Cu/C 中 CuO 衍射峰的缺失表明其晶体分布更趋均质、分散。相对应地，与 I-Cu/C 相比，P-Cu/C 中 Cu_2O 和 Cu 衍射峰强度均有所减弱，且半峰宽相对增加。根据 Scherrer 公式粗略计算铜系催化剂中晶粒颗粒尺寸，结果表明，P-Cu/C 中 Cu_2O 和 Cu 的平均粒径分别为 18.55 nm 和 16.65 nm，而 I-Cu/C 中 Cu_2O 和 Cu 的平均粒径则相对较大，分别为 26.60 nm 和 28.68 nm。

图 8.21 所示为 P-Cu/C 催化剂 XPS 全谱和 Cu 元素窄谱。由图 8.21（a）可知，该催化剂主要由 C、O、Cu 等元素构成。其中，285.0 eV 处 C1s 谱峰对应于芳烃化合物中 C—C 结合能；532.5 eV 处谱峰对应于 CuO 中 O 结合能；570.0 eV 处 Cu-LMM 俄歇峰对应于 Cu_2O 的形成；Cu2p 能级谱峰则主要分布于 930～957 eV 之间（图 8.21（b）），具体地，932.7 eV 处谱峰归属于 Cu_2O/Cu（Cu^{+}/Cu^{0}），933.8 eV、935.1 eV 和 953.6 eV 处谱峰及 942.5 eV 处 Shakeup 伴峰均归属于 CuO。结合 XRD 分析结果，可以判断 P—Cu/C 催化剂中 Cu 主要以 Cu、Cu_2O、CuO 三种形式存在，且 CuO 在催化剂表面呈高度分散状态。

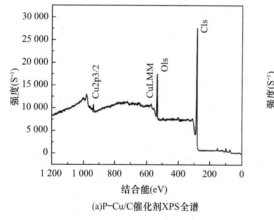

(a)P-Cu/C催化剂XPS全谱

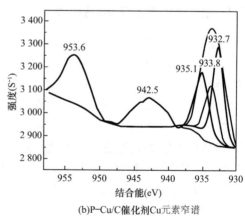

(b)P-Cu/C催化剂Cu元素窄谱

图 8.21　P-Cu/C 催化剂 XPS 全谱和 Cu2p 窄谱

8.3.2　焙烧温度

在 Cu 掺量为 10%，C/L 为 1∶3 条件下，焙烧温度对 CWPO 工艺处理 Ni-EDTA 模拟废液效果的影响如图 8.22（a）所示。由图可以看出，随着焙烧温度的升高，Ni 和 TOC 去除率不断提高，并在 800 ℃时达到最大；继续升高焙烧温度，Ni 和 TOC 去除率相对降低。此外，Cu^{2+} 溶出量受增温作用影响呈递减趋势，直至 800 ℃ 以上基本保持平稳。其可以通过升温过程中炭质结构和活性组分晶相转变来解释。图 8.22（b）为不同焙烧温度下生物炭基催化剂的 XRD 图谱。其中，002 晶面衍射峰（$2\theta=22°$）归属于缩聚芳香核微晶结构。随着焙烧温度的升高，该衍射峰从 22° 逐渐偏移至 26°，接近于理论石墨微晶衍射峰，表明乱层石墨结构的形成。Jiang 等认为石墨化程度的提高有利于改善活性组分分散性，增强电子转移能力，进而提高催化剂催化性能。另外，随着焙烧温度的升高，铜系氧化物逐步还原，表现为 Cu 衍射峰峰强的持续增加，而 Cu_2O 衍射峰峰强则呈现先增后减的变化趋势。Yin 等指出 Cu^0 与 Cu^+ 间存在协同效应，适宜的比例关系是强化催化活性的重要因素。受炭质结构转变和 Cu^0 与 Cu^+ 协同效应综合作用，在本研究中，P-Cu/C 催化剂在焙烧温度为 800 ℃ 时反应效果最佳。

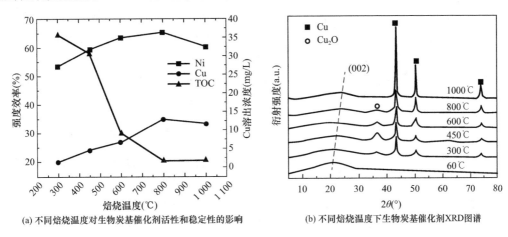

(a) 不同焙烧温度对生物炭基催化剂活性和稳定性的影响　　(b) 不同焙烧温度下生物炭基催化剂XRD图谱

图 8.22　焙烧温度对生物炭基催化剂性能的影响

8.3.3　Cu 掺量

在焙烧温度为 800 ℃，C/L 为 1∶3 条件下制备不同 Cu 掺量 P-Cu/C，其对 CWPO 工艺处理 Ni-EDTA 模拟废液效果的影响，如图 8.23 所示。随着活性组分掺量的增加，催化剂活性位点数量逐渐增多，P-Cu/C 催化活性不断增强。当 Cu 掺量升至 10％ 时，Ni 和 TOC 去除率分别提高至 65.4％ 和 34.9％。在该掺量变化范围内，催化剂活性组分相对稳定，Cu^{2+} 溶出量低于 1.7 $mg \cdot L^{-1}$；继续增加活性组分并未促进 P-Cu/C 催化性能的提升，表现为 Ni 和 TOC 去除率基本保持平稳，这主要归因于活性组分的高温烧结作用。Tu 等认为焙烧过程中高掺量活性组分的引入易导致块状结构的形成，对活性组分的均质分布和催化活性具有负面效应。相对应地，Cu^{2+} 溶出量表现为急剧增加，当 Cu 掺量为 20％ 时，Cu^{2+} 溶出量可达 6.1 $mg \cdot L^{-1}$。综合考虑催化剂活性和活性组分溶出量，确定 P-Cu/C 中 Cu 掺量为 10％。

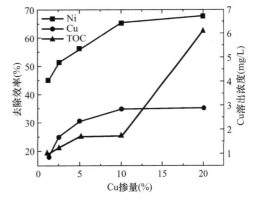

图 8.23　Cu 掺量对生物炭基催化剂性能的影响

8.3.4 胶原蛋白与木质素质量比例

在焙烧温度为 800 ℃，Cu 掺量为 10％条件下，胶原蛋白与木质素质量比例对 CWPO 工艺处理 Ni-EDTA 模拟废液效果的影响，如图 8.24 所示。随着 C/L 的减小，Ni 和 TOC 去除率呈先增后减趋势，当 C/L 为 1∶3 时其达到最高值，分别为 65.41％和 34.85％。而活性组分溶出量则不断降低，直至 $C/L \leqslant$ 1∶3 时保持相对稳定。

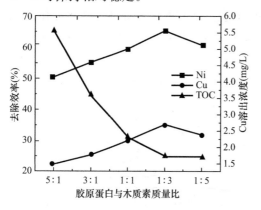

图 8.24　胶原蛋白与木质素质量比例对
生物炭基催化剂性能的影响

研究表明，胶原蛋白高温稳定性差，经 800 ℃高温热解后其碳残留率仅为 25％，远低于木质素（42％）；但在共混体系中，适量的胶原蛋白可以作为芳香族碳源参与木质素缩合反应，协同促进高度稠环芳烃结构的形成，从而进一步提高木质素碳残留率和熔融粘结性能。前者有利于活性组分的均质分散，后者对活性组分的固载化和溶出抑制具有积极作用。

8.3.5 生物炭基催化剂失活机制

为探究催化剂失活原因，采用傅里叶红外（FTIR）和 X 射线衍射（XRD）对反应前后催化剂进行结构表征。图 8.25 所示为反应前后生物炭基催化剂（P-Cu/C）的 FTIR 图谱。可以看出，反应前后 P-Cu/C 在 3 448 cm^{-1}（—OH 伸缩振动）、2 860～3 000 cm^{-1}（甲基及亚甲基—CH 伸缩振动）、1 637 cm^{-1}（表面吸附 H$_2$O 及生物炭表面羟基伸缩或弯曲振动）和 1 026 cm^{-1}（芳环 C—H 变形/C＝O 伸缩振动）等处吸收峰基本不变，说明反应前后催化剂碳质骨架未发生明显变化。与反应前相比，反应后红外光谱中 1 384 cm^{-1}（羧酸酯伸缩振动）处吸收峰峰强增加，推测反应过程中羧酸类物质对催化剂催化性能具有抑制作用。

研究表明，EDTA 在羟基自由基强氧化作用下，逐步脱羧形成 ED3A、ED2A、EDMA、EDA 和 IMDA 等中间产物，其进一步降解产生小分子羧酸类物质，如甘氨酸、草酸、草氨酸、乙醛酸等，并最终矿化为无机物。因此，小分子羧酸类中间产物是造成催化剂失活的重要原因。

图 8.26 所示为反应前后 P-Cu/C 催化剂的 XRD 图谱。由图可知，相比反应前，反应后 Cu 衍射峰强度所有降低，这主要由活性组分反应性溶出所致；而 Cu$_2$O 衍射峰峰强则相对增加，表明催化剂中铜物种间存在价态转变。以上行为共同导致催化剂表面 Cu^0 与 Cu$^+$ 比例改变，协同效应减弱。结合 FTIR 分析结果，可以认

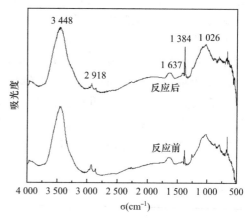

图 8.25　反应前后生物碳基
催化剂傅里叶红外图谱

为催化剂表面羧酸类物质、反应性溶出和 Cu 价态转换是导致 P-Cu/C 催化剂失活的主要原因。

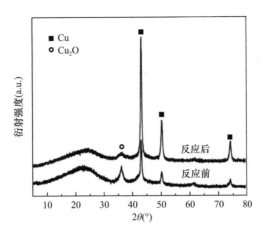

图 8.26 反应前后 P-Cu/C 催化剂的 XRD 图谱

8.4 电芬顿氧化处理 Cu/Ni-EDTA 共混模拟废水

将电化学与 Fenton 或类 Fenton 氧化结合衍生的电芬顿（E－Fenton）工艺是工业废水处理的有效技术途径。考虑到 E－Fenton 系统效率更多地依赖于电极性能，诸多研究主要围绕导电材料的筛选展开，包括 Pt、硼掺杂金刚石（BDD）、$IrO_2/RuO_2/Ti$、Ti/RuO_2、Fe/Ti 等。当铁电极作为牺牲阳极时，铁源经电流作用不断腐蚀，并释放大量亚铁离子，从而催化 H_2O_2 持续产生羟基自由基。同时，亚铁离子和铁离子与羟基离子反应形成各种单体和聚合物氢氧化铁，如 $FeOH^{2+}$、$Fe(OH)_2^+$、$Fe(OH)_2^{4+}$、$Fe(OH)_4^-$、$Fe(H_2O)_2^{3+}$、$Fe(H_2O)_6^{3+}$、$Fe(H_2O)_5OH^{2+}$、$Fe(H_2O)_4(OH)_2^+$、$Fe(H_2O)_8(OH)_2^{4+}$ 和 $Fe_2(H_2O)_6(OH)_4^{2+}$ 等。这些物质随后可以转化成无定形氢氧化铁，并通过电絮凝（Eco-agulation）作用，强化有机污染物和重金属离子去除。

由于在化学镀工业废水中普遍存在多种重金属络合物共存现象，因此本节以铁质材料为牺牲阳极，采用 E－Fenton 工艺处理 Cu/Ni-EDTA 共混污染物。在考察相关参数影响基础上研究了其破络动力学，并具体分析破络过程中 Cu^{2+} 和 Ni^{2+} 之间的相互作用、金属铁离子取代作用以及 Cu/Ni 元素分布。此外，考察了共存物质如柠檬酸盐、次磷酸盐和氯离子与破络效率间的关系。

8.4.1 过程影响因素及破络动力学

考察了不同初始溶液 pH（2.0～5.0）、H_2O_2 投加量（2～10 mL·L^{-1}·h^{-1}）、电流密度（2～20 mA/cm^2）、电极间距离（1～5 cm）和电解液浓度（500～2 500mg·L^{-1}）条件下共混重金属络合物的破络行为。破络过程中，破络效率与 pH 之间的关系与以往报道的结论类似，即较低初始 pH 下 Cu 和 Ni 的去除效率相对较高。当初始 pH 为 2.0 时，过程 pH 的变化范围始终保持在 2～3 之间，其有利于保证 Fe^{2+}/Fe^{3+} 高效催化行为的发生；

H_2O_2 投加量设定为 $6 \ \text{mL} \cdot \text{L}^{-1} \cdot \text{h}^{-1}$ 时，因过量氧化剂引起的 $\cdot \text{OH}$ 泯灭现象基本消除；为避免过度的能量消耗和副反应的产生，选择最佳电流密度 $20 \ \text{mA/cm}^2$ 以确保电极的充分溶解和亚铁离子的再生循环；电极电位变化的结果表明，阳极电位略微正移到 $+0.62 \ \text{V}$ 饱和甘汞电极（SCE）的同时，阴极电位在 $10 \ \text{min}$ 内急剧下降至 $-12.51 \ \text{V}$ 饱和甘汞电极（SCE），随后 $20 \ \text{min}$ 内出现轻微波动。阴极和阳极之间可能存在较大的电位差归因于在分解过程中阴极表面钝化金属层。电极距离为 $2 \ \text{cm}$ 条件下，Fe^{2+} 氧化和 Fe^{3+} 向阴极表面的传质基本保持平衡。此外，当电解液浓度从 $500 \ \text{mg} \cdot \text{L}^{-1}$ 增加到 $2 \ 000 \ \text{mg} \cdot \text{L}^{-1}$ 时，Cu 和 Ni 的去除率提高，证明了硫酸盐电解液具有更好的工艺性能。然而，在较高浓度下，没有观察到电解液浓度的显著影响。

在上述最优条件下，研究不同 Cu/Ni-EDTA 初始浓度的破络反应动力学。图 8.27 所示为不同初始浓度下残余 Cu^{2+} 和 Ni^{2+} 浓度的变化趋势，可以看出，初始浓度越高，达到《电镀污染物排放标准》（GB 21900—2008，$Cu < 0.3 \ \text{mg} \cdot \text{L}^{-1}$，$Ni < 0.1 \ \text{mg} \cdot \text{L}^{-1}$）所需的时间越长。利用相应的反应动力学方程分析上述浓度衰变，均表现出较高的线性相关性（相关系数 $R^2 > 0.91$）。如表 8.8 所示，重金属-EDTA 络合物破络过程的表观动力学速率常数与初始浓度成反比，这主要是因为高初始浓度下，重金属-EDTA 氧化中间产物与羟基自由基反应逐渐占据优势。此外，在所有浓度情况下，Cu-EDTA 均表现出较高的 k_{app}，这与不同重金属络合物的破络特性相关。

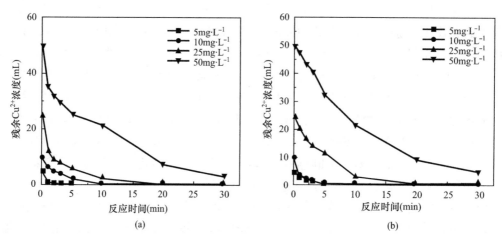

图 8.27　不同初始浓度下残余 Cu^{2+} 和 Ni^{2+} 浓度的变化趋势

8.4.2　Cu^{2+} 和 Ni^{2+} 共同促进作用

为深入了解破络过程中 Cu^{2+} 和 Ni^{2+} 的相互作用，研究单一重金属络合物体系的破络表面动力学速率常数（表 8.8）。可以看出，除初始浓度为 $10 \ \text{mg} \cdot \text{L}^{-1}$ 情况下单一 Cu-EDTA 破络 k_{app}（$1.797 \ \text{min}^{-1}$）较共混体系高，其他条件下共混重金属络合物均表现出较高的 k_{app}。此外，对于每种重金属离子，以初始浓度 $25 \ \text{mg} \cdot \text{L}^{-1}$ 为例，共混体系下其中间过程去除效率明显较高（图 8.28）。以上均表明 Cu^{2+} 和 Ni^{2+} 之间存在协同效应。在共混 Cu/Ni-EDTA 体系中，$\cdot \text{OH}$ 亲电攻击引发破络的同时，大量游离态 Cu^{2+} 和 Ni^{2+} 被释放［式

（8.11）]，其可作为 H_2O_2 催化剂促进·OH 的产生 [式（8.13）～（8.16）]。由于 Cu^{2+} 与 EDTA 络合亲和力较强，因此在电解作用下 Cu^{2+}/Ni^{2+} 间的配位体置换作用增强，进而增强游离态 Ni^{2+} 的释放 [式（8.17）]。另一方面，Ni^{2+} 的存在有利于加速循环电子转移过程，有利于 Fe^{3+} 还原为 Fe^{2+} 从而产生·OH。以上过程共同作用增强共混体系中 Cu/Ni-EDTA 的有效破坏。类似的现象也同样存在于氯化芳烃污染物和其他持久性有机化合物的同质/异质芬顿氧化降解过程中。由于 Ni^{2+} 的催化能力低于 Cu^{2+}，因此，共混体系中 Cu-EDTA 破络 k_{app} 相对单一体系而言较低。

单一和共混体系不同初始浓度下破络表观动力学速率常数　　　　表 8.8

初始浓度 ($mg \cdot L^{-1}$)	共混体系中 Cu^{2+}-EDTA		共混体系中 Ni^{2+}-EDTA		初始浓度 ($mg \cdot L^{-1}$)	单独 Cu^{2+}-EDTA		单独 Ni^{2+}-EDTA	
	k_{app} (min^{-1})	R^2	k_{app} (min^{-1})	R^2		k_{app} (min^{-1})	R^2	k_{app} (min^{-1})	R^2
5	1.250	0.983	0.364	0.998	10	1.797	0.985	0.211	0.958
10	0.394	0.973	0.325	0.947	20	0.370	0.970	0.187	0.976
25	0.203	0.911	0.196	0.996	50	0.174	0.981	0.106	0.996
50	0.086	0.984	0.078	0.996	100	0.067	0.982	0.065	0.993

$$Metal^{2+}\text{-}EDTA + \cdot OH + H^+ \longrightarrow Metal^{2+} + oxidized\ products + CO_2 + n\,e^- \quad (8.12)$$
$$Cu^{2+} + H_2O_2 \longrightarrow Cu^+ + HO_2\cdot + H^+ \quad (8.13)$$
$$Cu^{2+} + HO_2\cdot \longrightarrow Cu^+ + H^+ + O_2 \quad (8.14)$$
$$Cu^+ + H_2O_2 \longrightarrow Cu^{2+} + \cdot OH + OH^- \quad (8.15)$$
$$Ni^{2+} + H_2O_2 \longrightarrow Ni^{3+} + \cdot OH + OH^- \quad (8.16)$$
$$Cu^{2+} + Ni^{2+}\text{-}EDTA \longrightarrow Cu^{2+}\text{-}EDTA + Ni^{2+} \quad (8.17)$$

8.4.3　Fe^{2+}、Fe^{3+} 和总铁浓度变化

破络过程中 Fe^{2+}、Fe^{3+} 和总铁浓度随时间的变化如图 8.29 所示。由图可以看出，Fe^{2+} 浓度在反应 5 min 内达到峰值（约 40 $mg \cdot L^{-1}$），随后呈逐渐衰减趋势，在 30 min 时降至 18 $mg \cdot L^{-1}$。Fe^{3+} 和总铁浓度随着反应时间的延长几乎呈线性增加，反应结束后其浓度约为 Fe^{2+} 浓度峰值的 25 倍。推测反应过程中 Fe^{2+} 氧化速率明显高于再生速率，从而导致 E—Fenton 体系中 Fe^{3+} 和总铁的大量积累。尽管这在一定程度上造成后续中和处理阶段含铁污泥产生量偏大，但有利于 Fenton 反应的持续进行和 Fe-EDTA 络合物的形成。与 Cu-EDTA（络合常数为 18.80）和 Ni-EDTA（络合常数为 18.62）相比，Fe-EDTA 具有较高的络合稳定性（络合常数为 25.10），因而对 Cu^{2+} 和 Ni^{2+} 的高效脱除具有积极作用。在实际应用中，可以考虑回流含铁污泥或延长固—液接触时间，以提高 Cu^{2+} 和 Ni^{2+} 的去除效率。

8.4.4　Cu^{2+}、Ni^{2+} 种类分布

不同初始 pH 条件下 Cu 和 Ni 的种类分布分别如图 8.30（a）和图 8.30（b）所示。由图可知，其种类分布高度依赖初始 pH。以 Cu 为例，当初始 pH 为 2.0 时，上清液中游

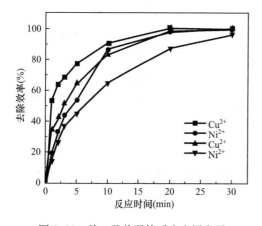

图 8.28　单一及共混体系中金属离子
去除效率比较

（初始浓度为 25 mg·L⁻¹，初始 pH 为 2.0，
H_2O_2 为 6 mL·L⁻¹·h⁻¹，电流密度为
20 mA/cm²，电极间距为 2 cm）

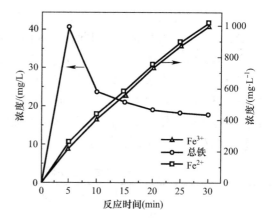

图 8.29　破络过程中 Fe^{2+}、Fe^{3+} 和
总铁浓度随时间的变化

（初始浓度为 25 mg·L⁻¹，初始 pH 为 2.0，
H_2O_2 为 6 mL·L⁻¹·h⁻¹，电流密度为
20 mA/cm²，电极间距为 2 cm）

离态 Cu^{2+} 为主要物质，其百分比含量为 69.76%，其次是 M（P）和 M（D），含量百分比分别为 25.48% 和 4.76%。对于 M（C）含量而言，基本可以忽略不计，仅为 0.32%。然而，随着初始 pH 的增加，M（F）含量逐渐减少，其对应于 M（C）、M（P）和 M（D）含量的增加。可以看出，共混体系中 Cu/Ni-EDTA 的破络过程是芬顿反应、阳极氧化、电絮凝以及电沉积协同作用的结果，其中电沉积作用相对较弱。

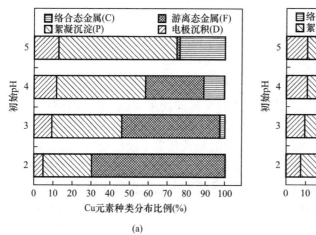

(a)

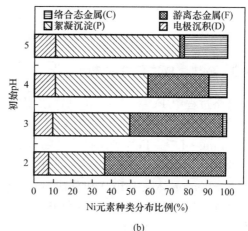

(b)

图 8.30　不同初始 pH 条件下 Cu 和 Ni 的种类分布

（初始浓度为 25 mg·L⁻¹，初始 pH 为 2.0，H_2O_2 为 6 mL·L⁻¹·h⁻¹，
电流密度为 20 mA/cm²，电极间距为 2 cm）

针对芬顿试剂而言，较高 pH 条件下苏顿试剂活性有所降低，如铁离子倾向于形成氢氧化铁沉淀，加速 H_2O_2 分解成 H_2O 和 O_2 进而降低·OH 利用率；伴随这一过程的发生，液相中铁源总量逐渐减少；此外，·OH 氧化还原电位明显降低，这也导致了初始 pH≥3 时，破络效率和 M（C）含量的降低。鉴于铁离子稳定的溶解度，絮凝作用在酸性

条件下相对较弱。相比之下，在中性和碱性条件下，更多的铁系氢氧化物和单体羟基铁离子更有利于混凝和絮凝。相关研究表明，pH 低于 8～9 时铁系絮状体表面带正电，且 Cu-EDTA 倾向于被质子化形成各种负电产物如 $CuHEDTA^-$、$CuEDTA^{2-}$、CuH_2EDTA 和 $CuOHEDTA^{3-}$ 等。因此，pH <2 时电絮凝过程中重金属－EDTA 的脱除主要与单体羟基铁离子的中和相关，在 pH≥3 时胶体物质的网捕作用逐渐增强。同时，Cu^{2+}、Fe^{2+} 和 Fe^{3+} 更易以沉淀形式析出。因此，Cu^{2+} 的脱除归因于絮凝、吸附和铁系氢氧化物共沉淀的综合作用。这对应于初始 pH 增加条件下 M（P）含量的变化。

在最佳初始 pH 下，溶液过程 pH 自发增长范围介于 2～3 之间，不利于氢氧化物沉淀的形成。因此，共混体系中重金属络合物的破络过程主要为：初始 pH 为 2，Fenton 试剂的有效破络及残余重金属络合物的静电吸附和网捕脱除。类似的现象同样存在于 Ni-EDTA 的破络过程中。

8.4.5　共存物质的干扰

为进一步研究 Cu/Ni-EDTA 在相关环境条件下的破络行为，考察共存污染物如次磷酸盐、柠檬酸盐和氯离子等对氧化效率的影响。共混体系中次亚磷酸盐和柠檬酸盐浓度对金属去除效率的影响如图 8.31 所示，次磷酸盐和柠檬酸盐，尤其是高剂量投加情况下显著降低了 Cu/Ni-EDTA 破络效率，其主要归因于与 Cu/Ni-EDTA 的羟基竞争作用。相比柠檬酸盐，次磷酸盐表现出更强的抑制作用。

与次磷酸盐和柠檬酸盐不同，氯离子投加量的增加对 Cu/Ni-EDTA 的破络具有积极作用，当氯离子投加量低于 100 $mg \cdot L^{-1}$ 时，残余 Cu^{2+} 和 Ni^{2+} 浓度不断降低（图 8.32）。这主要归因于阳极表面活性物质如氯、次氯酸和次氯酸盐等的产生［式（8.18）～式（8.20）］。这些活性物质可以与 ·OH 协同作用增强 Cu/Ni-EDTA 的破络［式（8.21）］。然而，继续增大氯离子投加量，受 ·OH 和 ·Cl 泯灭效应影响，残余 Cu^{2+} 和 Ni^{2+} 浓度则稍有增加［式（8.22）～式（8.25）］。这与游离氯氧化降解其他有机物的规律相一致。

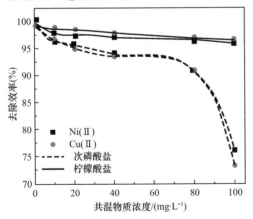

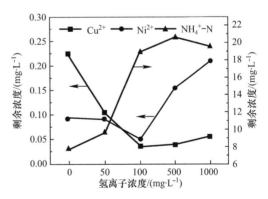

图 8.31　共混体系中次亚磷酸盐和柠檬酸盐
浓度对金属去除效率的影响
（初始浓度为 25 $mg \cdot L^{-1}$，初始为 pH 为 2.0，
H_2O_2 为 6 $mL \cdot L^{-1} \cdot h^{-1}$，电流密度为
20 mA/cm^2，电极间距为 2 cm）

图 8.32　共混体系中氯离子对
金属去除效率的影响
（初始浓度为 25 $mg \cdot L^{-1}$，初始 pH 为 2.0，
H_2O_2 为 6 $mL \cdot L^{-1} \cdot h^{-1}$，电流密度为
20 mA/cm^2，电极间距为 2 cm）

$$2\,Cl^- \longrightarrow Cl_2 + 2\,e^- \tag{8.18}$$

$$Cl_2 + H_2O \leftrightarrow HOCl + H^+ + Cl^- \tag{8.19}$$

$$HOCl \leftrightarrow H^+ + OCl^- \tag{8.20}$$

$$Metal(\,II\,)\text{-}EDTA + OCl^-/Cl_2 \longrightarrow Metal(\,II\,) + Cl^- + oxidized\ products \tag{8.21}$$

$$\cdot OH + HOCl \longrightarrow \cdot OCl + H_2O \tag{8.22}$$

$$\cdot OH + OCl^- \longrightarrow \cdot OCl + OH^- \tag{8.23}$$

$$\cdot Cl + HOCl \longrightarrow H^+ + \cdot OCl + Cl^- \tag{8.24}$$

$$\cdot Cl + OCl^- \longrightarrow \cdot OCl + Cl^- \tag{8.25}$$

图 8.32 还显示氯离子存在情况下残余 NH_4^+-N 浓度的变化规律。可以看出，残留 NH_4^+-N 浓度随着氯离子浓度的增加而增加，在 500 mg·L^{-1} 时达到峰值，然后略有下降。大量文献表明，羟基自由基氧化重金属-EDTA 过程实质是 EDTA 逐步脱羧过程。破络过程中，重金属-EDTA 首先发生 N—C 键断裂，继而形成诸多中间产物如 Cu-ED3A、Cu-ED2A、Cu-EDMA、Cu-EDA、Cu-IMDA 或 IMDA 等。然后，这些物质被分解为包括甘氨酸、草酸、乙醛酸、草酸和甲酸在内的低分子酸，其进一步被氧化产生大量的 NH_4^+-和 NO_3^-。推测低剂量氯离子的引入首先用于 EDTA 及其中间体的逐步脱羧，并非氨转化，因而表现为残留 NH_4^+-N 浓度的连续积累。这与残余 Cu^{2+} 和 Ni^{2+} 浓度的减少相一致。同时，NH_4^+-N 和氯离子之间的反应与折点氯化反应类似（图 8.33）。当氯离子投加量超过 500 mg·L^{-1} 时，足够量的活性氯可将 NH_4^+-N 转化为氯胺，如一氯胺（NH_2Cl）、二氯胺（$NHCl_2$）和三氯胺（NCl_3）等，甚至是无毒氮气 [式（8.26）~式（8.32）]。

$$NH_4^+ + HOCl \longrightarrow NH_2Cl + H^+ + H_2O \tag{8.26}$$

$$2NH_2Cl + HOCl \longrightarrow N_2 + 3HCl + H_2O \tag{8.27}$$

$$NH_2Cl + HOCl \longrightarrow NHCl_2 + H_2O \tag{8.28}$$

$$NHCl_2 + HOCl \longrightarrow NCl_3 + H_2O \tag{8.29}$$

$$NHCl_2 + H_2O \longrightarrow NOH + 2HCl \tag{8.30}$$

$$NH_2Cl + NOH \longrightarrow N_2 + HCl + H_2O \tag{8.31}$$

$$NHCl_2 + NOH \longrightarrow N_2 + HOCl + HCl \tag{8.32}$$

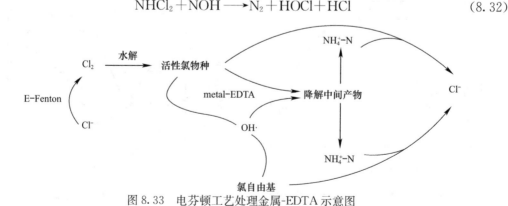

图 8.33　电芬顿工艺处理金属-EDTA 示意图

8.5　低浓度 Ni-EDTA 模拟废水靶向深度处理

一般而言，化学镀镍废水经传统物化、生物处理后，出水 COD、磷化物均可满足标准排放要求，但受水质水量波动及氧化效率的影响，镍浓度超标现象时常发生。低浓度超标镀镍废水中镍主要以游离态和络合态两种形式存在，且以后者居多。针对该类问题，目前主要通过离子交换法、膜分离法、重金属捕集剂等工艺进行深度处理，然而，其处理过程易受共存物质干扰，存在无效损耗，探索更加高效、经济的低浓度重金属靶向处理技术具有重要的环保意义和经济效益。

自 1972 年 Wulff 提出分子印迹的概念，尤其是 Vlatakis 发表以茶碱为模板的聚合物的报道以来，这种模拟抗体-抗原作用的人工模板技术因其构效预定性、特异识别性和广泛应用性等特点，在色谱、固相萃取、仿生传感、模拟酶催化、膜分离、环境治理等领域受到广泛关注。

β-环糊精（β-CD）是环糊精葡萄糖转移酶产生的环状低聚糖，其立体亲水性环状外壁可以与多种化合物共同作用形成 β-CD 衍生物，强化重金属离子的去除。Zhao 等通过β-CD 与交联剂 EDTA 的缩聚反应，制备 EDTA-β-CD 双功能吸附剂，并将其用于金属离子与阳离子染料的同时吸附。对于 β-CD 疏水空腔而言，其可以通过多种分子间相互作用（范德华力、疏水性、静电亲和氢键）与客体形成包合物，因而广泛应用于分子印迹材料的制备，如 Hishiya 等在二甲基亚砜体系中以胆固醇为模板，β-CD 为功能单体，六次甲基二异氰酸酯或甲苯-2，4-二异氰酸酯为交联剂，合成胆固醇分子印迹聚合物；Yu 等以胆红素为模板分子，β-CD 为功能单体，环氧氯丙烷为交联剂制备胆红素分子印迹聚合物。

现阶段国内外研究主要围绕镍离子印迹聚合物展开，涉及重金属络合物分子印迹聚合材料，尤其是以 β-CD 为功能单体的制备研究尚未有所报道。因此，本节以重金属络合物 Ni-EDTA 为模板，β-CD 为功能单体，六亚甲基二异氰酸酯（HOI）为交联剂，二甲基亚砜为溶剂，采用沉淀聚合法制备分子印迹聚合物；在优化制备工艺的基础上，借助傅里叶红外光谱、电子扫描显微镜对其微观形貌及结构组成进行表征；并对其吸附性能、选择性能及再生利用性能进行综合评价，以期为低浓度化学镀镍废水的深度处理提供新的技术途径。

8.5.1　Ni-EDTA 分子印迹聚合物制备工艺优化

以吸附容量为评价指标，对 Ni-EDTA 分子印迹聚合物制备工艺进行优化。将 β-CD 与 Ni-EDTA 的摩尔比设定为 0.5：1、1：1、2：1、4：1、6：1、10：1，分别制备 Ni-EDTA 分子印迹聚合物，其相应的吸附容量如图 8.34 所示。由图可知，当功能单体用量较少时（β-CD：Ni-EDTA ≤ 1：1），其吸附容量基本维持在 8.76 mg·g^{-1} 左右；随着摩尔比的相应增加，分子印迹聚合物（MIP）吸附容量呈逐渐降低趋势，导致该现象的原因在于：Ni-EDTA 以特定比例结合 β-CD 内部空腔形成有效结合位点，低 β-CD 条件下参与聚合反应形成的分子印迹聚合物（MIP）产量较低，但形成的有效结合位点可以赋予 MIP 优异的吸附性能；β-CD 掺量过

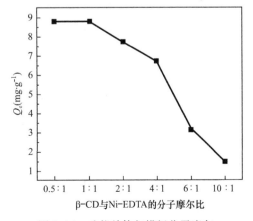

图 8.34　功能单体与模板分子摩尔比对聚合物吸附容量的影响

高时，聚合反应易导致 MIP 表层部分结合位点被包埋，难以进行有效吸附，表现为较低的吸附容量。因此，选择 β-CD：Ni-EDTA＝1：1 作为最佳制备条件。不同浓度下 β-CD 与 Ni-EDTA 相互作用的紫外吸收光谱，如图 8.35 所示。可以看出，随着 β-CD 与 Ni-EDTA 摩尔比的增大，对应的紫外吸收光谱峰值呈先增后降趋势，在 β-CD：Ni-EDTA＝1：1 时峰值最高，表明在该条件下形成的主客体配位结构最为稳定。

设定 β-CD：Ni-EDTA＝1：1，考察 Ni-EDTA 与 HDI 摩尔比（1：0.25、1：0.5、1：1、1：2、1：4、1：6）对 MIP 吸附容量的影响。单体、模板、交联剂的摩尔比对聚合物容量的影响如图 8.36 所示，随着交联剂掺量的增加，MIP 吸附容量呈先增后降趋势变化。就交联剂功能而言，其参与聚合反应的发生，有助于增强 MIP 内部孔穴骨架的稳定性。当 HDI 投加量较小时，MIP 整体结构稳定性较差，部分结合孔穴可能因崩塌丧失吸附性能；然而，过量 HDI 的掺入易引发自聚，导致 MIP 内部结合位点及孔穴被包覆，难以实现 Ni-EDTA 的有效吸附。可以看出，当 Ni-EDTA：HDI＝1：1 时，MIP 吸附容量达到最高，为 $15.46 \ mg \cdot g^{-1}$。

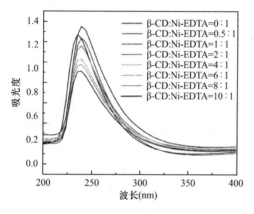

图 8.35　不同功能单体与模板分子摩尔比的主客体配位紫外光谱测定

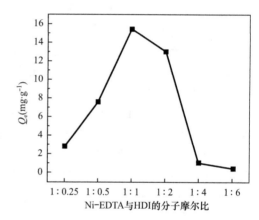

图 8.36　单体、模板、交联剂的摩尔比对聚合物容量的影响

8.5.2　Ni-EDTA 分子印迹聚合物结构表征

不同聚合物粉体的表观颜色和微观形貌如图 8.37 所示。洗脱前 MIP 表面呈嫩绿色，主要归因于大量 Ni-EDTA 的存在；经氢氧化钠洗脱后，Ni-EDTA 从分子印迹聚合物结构中脱除，其表面呈淡黄色；与 MIP 不同，由于聚合过程未掺入 Ni-EDTA，NIP 表面则呈纯白色。从微观角度分析，MIP 洗脱前后形貌较为接近，均为"褶皱"结构，但后者褶皱感相对较弱，表面更为平坦；NIP 表面粗糙，无特定结构，相对 MIP 而言其具有较大的比表面积和孔隙结构。可以看出，借助 SEM 表征难以阐述不同聚合材料对 Ni-EDTA 吸附的构效关系，因而仍需要通过其他技术手段做进一步分析。将 β-CD、洗脱前后 MIP、NIP 试样进行 KBr 压片处理，采用傅里叶红外光谱仪检测其有机官能团。如图 8.38 所示，对于单独 β-CD 而言，$3\ 379 \ cm^{-1}$ 处特征峰归属于—OH 伸缩振动，$2\ 924 \ cm^{-1}$ 处特征峰归属于甲基、亚甲基 C—H 伸缩振动，$1\ 641 \ cm^{-1}$ 处特征峰归属于结合水 HOH 弯曲振动，$1\ 415 \ cm^{-1}$ 和 $1\ 259 \ cm^{-1}$ 处特征峰归属于 C—H/O—H 弯曲振动，$1\ 368 \ cm^{-1}$ 和 $1\ 301 \ cm^{-1}$

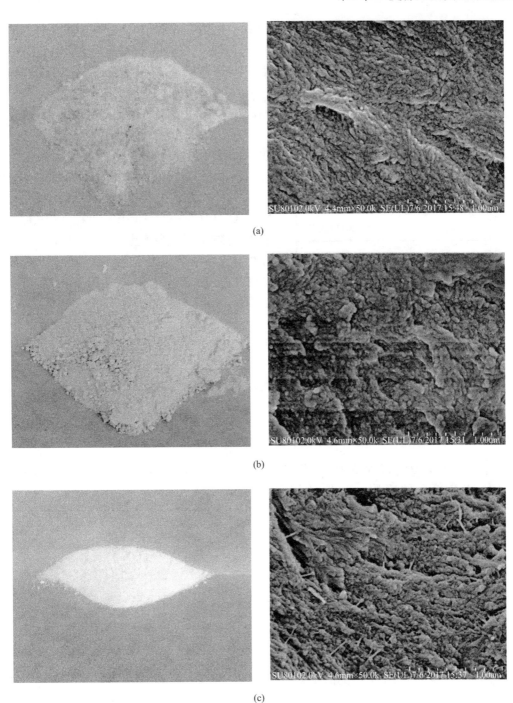

图 8.37　洗脱前 MIP（a）洗脱后 MIP（b）及 NIP（c）表观颜色和微观结构

处特征峰归属于 C—H 弯曲振动，1156 cm^{-1} 处特征峰归属于 C—O—C 反对称伸缩振动，1 080 cm^{-1} 及 1 030 cm^{-1} 处特征峰归属于 C—O/C—C 伸缩振动及 O—H 弯曲振动共同作用。经印迹聚合后，对应的红外光谱图在 3 333 cm^{-1} 处—OH 特征峰强度明显减弱，1 500～1 600 cm^{-1} 处及 1 620 cm^{-1} 处分别出现—NH—C＝O 对称伸缩振动和—N—H 变形振动，

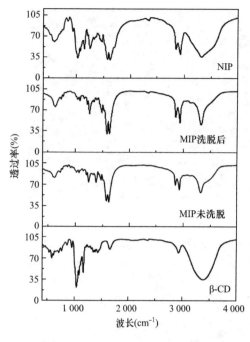

图 8.38 β-CD、未洗脱 MIP、洗脱后
MIP 及 NIP 红外光谱图

1 270～1 210 cm^{-1}处出现氨基甲酸酯对称伸缩振动，且 2 200～2 300 cm^{-1}处交联剂 HDI 结构中—NCO 基峰基本消失，表明—NCO 官能团与 β-CD 中羟基通过合成反应生成交联产物。此外，β-CD 结构中主要特征峰（如 2 924 cm^{-1}、1 156 cm^{-1}、1 080 cm^{-1}及 1 030 cm^{-1}）仍然存在，同时，部分特征峰与 HDI 特征峰发生重叠，如 2 934 cm^{-1}和 2 858 cm^{-1}处甲基、亚甲基 C—H 伸缩振动特征峰，1 155 cm^{-1}处—NH—C=O 中—NH 平面内变型振动，从而伴有明显红移或蓝移现象产生。但整体而言，反应过程并未破坏 β-CD 主体结构。经洗脱后，分子印迹聚合物红外光谱图并未发生明显变化，其主要是因为 Ni-EDTA 在 1 115 cm^{-1}、1 190 cm^{-1}、1 476 cm^{-1}、1 625 cm^{-1}附近特征峰被其他有机官能团位置覆盖或重叠。相比 MIP、NIP 在 1 030 cm^{-1}和 1 155 cm^{-1}处特征峰峰强明显增强，可以推断 β-CD 主要通过—OH 和 C—O—C 与 Ni-EDTA 结合形成配位体。

8.5.3 pH 对 MIP 吸附性能的影响

图 8.39 所示为 pH 对 MIP 吸附容量的影响。由图可以看出，酸性条件有利于 MIP 对 Ni-EDTA 的吸附。酸性环境下 Ni-EDTA 主要以负离子态存在，且当溶液 pH 低于 MIP 等点时，MIP 表面呈正电荷，因而 MIP 可以通过静电吸附及特异性吸附与 Ni-EDTA 相结合，从而表现为较高的吸附容量；中性及碱性条件 MIP 吸附容量明显降低，可能的原因是受二甲亚砜极性影响，印迹空穴与 Ni-EDTA 间相互作用减弱，且 MIP 表面电荷发生变化，使得 Ni-EDTA 无法进入印迹空穴，这也是选用氢氧化钠作为洗脱液的原因。

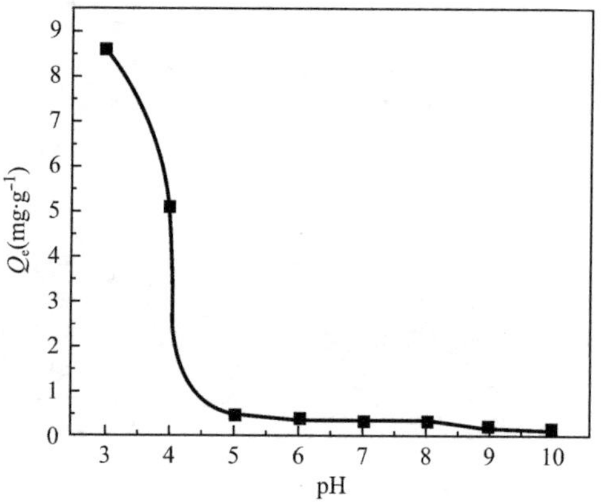

图 8.39 pH 对 MIP 吸附容量的影响

8.5.4 吸附动力学

MIP 对 Ni-EDTA 模板分子吸附容量随时间的变化曲线，如图 8.40 所示。MIP 在前 10 min 吸附速率较快，达到总吸附量的 91%；15 min 后吸附容量基本维持恒定，为 18.55 mg·g^{-1}。由于 Ni-EDTA 分子聚合物中由交联剂和功能单体所构成的立体空穴分布不均匀，孔穴深度存在差异，因而当浅孔被结合饱和后，印迹分子向 MIP 深孔传质的位阻增大，吸附速率逐渐减缓。

相比 MIP，NIP 对 Ni-EDTA 的吸附效果较差，表明其结构中并未形成印迹空穴。采用准一级动力学方程、准二级动力学方程和颗粒内扩散模型描述分析 MIP 吸附动力学过程，其线性表达式分别为

$$\log(Q_e - Q_t) = \log Q_e - \frac{k_1}{2.303}t \quad (8.33)$$

$$\frac{t}{Q_t} = \frac{1}{k_2 Q_e^2} + \frac{t}{Q_e} \quad (8.34)$$

$$Q_t = k_i t^{1/2} + C \quad (8.35)$$

式中，Q_t 为 t 时刻的吸附容量，$mg \cdot g^{-1}$；k_1 为准一级动力学吸附速率常数，min^{-1}；k_2 为准二级动力学吸附速率常数，$g \cdot mg^{-1} \cdot min^{-1}$；$k_i$

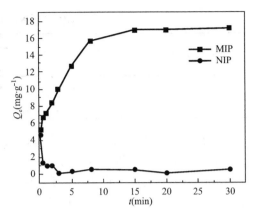

图 8.40　Ni-EDTA 分子印迹聚合物吸附动力学曲线

为颗粒内扩散速率常数，$mg/(g \cdot min^{1/2})$；C 为截距，对应边界层厚度，$mg \cdot g^{-1}$。

MIP 吸附 Ni-EDTA 动力学模型线性拟合分析如图 8.41 所示，具体相关参数见表 8.9。

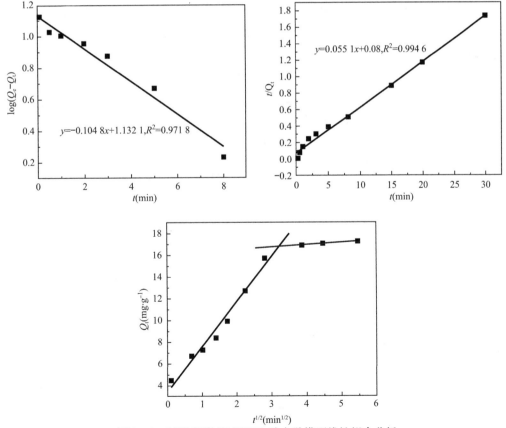

图 8.41　MIP 吸附 Ni-EDTA 动力学模型线性拟合分析

MIP 吸附 Ni-EDTA 的动力学模型参数   表 8.9

准一级动力学方程			准二级动力学方程			颗粒内扩散方程					
						一段拟合			二段拟合		
k_1	$Q_{e,cal}$	R^2	k_2	$Q_{e,cal}$	R^2	k_i	C	R^2	k_i	C	R^2
0.241	13.56	0.971	0.038	18.14	0.995	4.112	3.400	0.972	0.194	16.207	0.999

一般认为，准一级动力学方程仅适用于描述吸附动力学初始阶段，无法准确描述吸附全过程。由表可知，准二级动力学方程的拟合相关系数相对较高，平衡吸附容量的计算值与实测值比较接近，说明 Ni-EDTA 在 MIP 上的吸附过程以化学吸附为速率控制步骤，符合准二级动力学方程。此外，虽然 Q_t 与 $t^{1/2}$ 之间存在良好的线性关系（R^2 均大于 0.9），但颗粒内扩散拟合曲线均不通过原点，截距 C 表明存在液膜边界层阻力，因此 Ni-EDTA 在 MIP 上的扩散传质主要由边界层扩散（液膜扩散）和颗粒内扩散过程控制。颗粒内扩散分段拟合曲线亦表明，此时的吸附动力学具有典型的两步控制吸附速率特征，即在吸附初始阶段，Ni-EDTA 在静电作用下迅速占据 MIP 的外表面印迹空穴；当颗粒的外表面印迹空穴被完全占据时，颗粒内扩散成为吸附速率控制因素。

8.5.5 吸附等温曲线

通常等温线能够为吸附质吸附剂表面作用本质提供半定性信息。为更好地评价 MIP 对 Ni-EDTA 的吸附行为，采用 Langmuir 等温吸附方程和 Freundlich 等温吸附方程对实验数据进行线性拟合分析，结果如图 8.42 所示，具体相关参数见表 8.10。

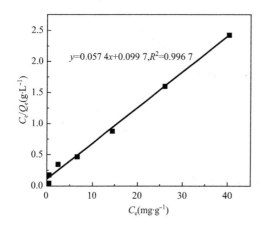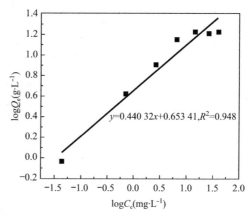

图 8.42 吸附热力学模型线性拟合

MIP 吸附 Ni-EDTA 的热力学模型参数   表 8.10

温度（℃）	Langmuir			Freundlich		
	Q_m	K_L	R^2	K_F	$1/n$	R^2
25	18.42	1.73	0.997	5.54	0.353	0.891

Langmuir 等温吸附方程为

$$\frac{C_e}{Q_e} = \frac{1}{bQ_m} + \frac{C_e}{Q_m}$$ (8.36)

Freundlich 等温吸附方程为

$$\log Q_e = \frac{1}{n} Q_e + \log K \tag{8.37}$$

式中，Q_m 为饱和吸附量，$mg \cdot g^{-1}$；b 为吸附平衡常数，反映目标物与吸附剂上吸附位的结合能力，$L \cdot mg^{-1}$；K 为平衡吸附系数，表示吸附剂对目标物的吸附能力；$\frac{1}{n}$ 为特征常数，反映吸附过程非线性及吸附剂表面异质程度。

由表 8.11 和图 8.42 可以看出，MIP 对 Ni-EDTA 的吸附行为更符合 Langmuir 等温吸附方程（$R^2 > 0.99$）。在 25 ℃反应条件下其理论单层饱和吸附量（18.42 $mg \cdot g^{-1}$）与实际平衡吸附量（16.7 $mg \cdot g^{-1}$）相当。同时，Freundlich 等温吸附方程中的特征常数 $1/n$ 为 0.1 ～ 0.6，说明在 MIP 上的吸附过程为非线性吸附，且属于优惠吸附，表面吸附作用在吸附过程中占主导地位。

8.5.6　特异性吸附

由平衡结合法测定了 MIP 和 NIP 对不同竞争底物的吸附容量。MIP 的选择性用静态分配系数 K、选择系数 K' 及印迹因子（相对选择系数）IF 来表征，结果如图 8.43 和表 8.11 所示。MIP 对 Ni-EDTA 具有特异性吸附，Cu-EDTA、Ni-柠檬酸、Ni-氮川三乙酸吸附效果相对较差。可以看出，与其他底物相比，MIP 对 Ni-EDTA 显示出较强的选择性结合能力。这表明在 MIP 中产生了以 Ni-EDTA 的大小和形状为基础的结合孔穴，同时存在与 Ni-EDTA 官能团相互作用的功能基团。正是由于孔穴形状和功能基团的同时作用，导致 MIP 对 Ni-EDTA 展现出特异选择性。而在 NIP 中，官能团的分布是任意的，且在其聚合物基体中没有与 Ni-EDTA 的形状和大小互补的结合位点，因此对 Ni-EDTA 不显示特异选择性。

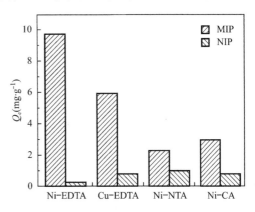

图 8.43　MIP 对 Ni-EDTA 的选择性吸附

不同底物在 MIP 和 NIP 上的吸附　　　　　　　　表 8.11

吸附物质	MIP			NIP			IF
	Q_e ($mg \cdot g^{-1}$)	K ($L \cdot g^{-1}$)	K'	Q_e ($mg \cdot g^{-1}$)	K ($L \cdot g^{-1}$)	K'	
Ni-EDTA	9.70	122.80	—	0.23	0.02	—	5 098.76
Cu-EDTA	5.92	1.20	102.26	0.77	0.08	0.32	15.72
Ni-NTA	2.27	0.30	412.76	1.00	0.11	0.21	2.65
Ni-CA	2.96	0.88	140.22	0.70	0.12	0.19	8.06

8.5.7　Ni-EDTA 分子印迹聚合物再生利用性能

重复利用率直接关系到分子印迹聚合物的实用性与经济性，涉及分子印迹聚合物自身吸

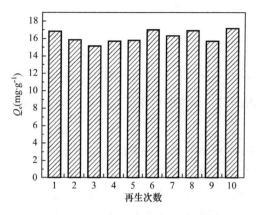

图 8.44　MIP 对 Ni-EDTA 吸附的
　　　　重复使用性能

附特性、共存物质、溶液极性、主客体配位作用力等因素影响。以 5% NaOH 作为洗脱剂，对 MIP 反复进行多次吸/解附研究，并测定其吸附容量变化，结果如图 8.44 所示。由图可知，重复利用 10 次后 MIP 对 Ni-EDTA 吸附容量并无明显变化，基本介于 15.1～18.1 mg·g^{-1} 之间，表明印迹过程产生的特异性识别位点稳定性良好，具有优异的重复使用性能。

地表水环境质量标准基本项目标准限值（单位：mg/L）　　　　　附表

序号	项目	Ⅰ类	Ⅱ类	Ⅲ类	Ⅳ类	Ⅴ类
1	水温（℃）	人为造成的环境水温变化应限制在：周平均最大温升≤1；周平均最大温降≤2				
2	pH（无量纲）	6～9				
3	溶解氧≥	饱和率90%（或8.5）	6	5	3	2
4	高锰酸盐指数≤	2	4	6	10	15
5	化学需氧量（COD）≥	15	15	20	30	40
6	五日生化需氧量（BOD$_5$）≤	3	3	4	6	10
7	氨氮（NH$_3$－N）≤	0.15	0.5	1.0	1.5	2.0
8	总磷（以P计）≤	0.02（湖、库0.01）	0.1（湖、库0.01）	0.2（湖、库0.01）	0.3（湖、库0.01）	0.4（湖、库0.01）
9	总氮（湖、库，以N计）≤	0.2	0.5	1.0	1.5	2.0
10	铜≤	0.01	1.0	1.0	1.0	1.0
11	锌≤	0.05	1.0	1.0	2.0	2.0
12	氟化物（以F$^-$计）≤	1.0	1.0	1.0	1.5	1.5
13	硒≤	0.01	0.01	0.01	0.02	0.02
14	砷≤	0.05	0.05	0.05	0.1	0.1
15	汞≤	0.000 05	0.000 05	0.000 1	0.001	0.001
16	镉≤	0.001	0.005	0.005	0.005	0.01
17	铬（六价）≤	0.01	0.05	0.05	0.05	0.1
18	铅≤	0.01	0.01	0.05	0.05	0.1
19	氰化物≤	0.005	0.05	0.2	0.2	0.2
20	挥发酚≤	0.002	0.002	0.005	0.01	0.1
21	石油类≤	0.05	0.05	0.05	0.5	1.0
22	阴离子表面活性剂≤	0.2	0.2	0.2	0.3	0.3
23	硫化物≤	0.05	0.1	0.2	0.5	1.0
24	粪大肠菌群（个/L）≤	200	2 000	10 000	20 000	40 000

参考文献

[1] 张进. 电镀工业园区污水处理分水体系研究—以龙溪电镀基地为例 [D]. 南京大学.

[2] 冯立明. 电镀工艺与设备 [M]. 化学工业出版社, 2005.

[3] MATLOCK M M, HOWERTON B S, ATWOOD D A. Chemical precipitation of heavy metals from acid mine drainage [J]. Water Research, 2002, 36 (19): 4757-4764.

[4] 肖静晶, 钟宏, 王帅. 电镀废水的处理技术研究进展 [J]. 应用化工, 2011, (11): 2015-2017.

[5] 安成强, 崔作兴, 郝建军. 电镀三废治理技术 [M]. 国防工业出版社, 2002.

[6] 戴文灿, 周发庭. 电镀含镍废水治理技术研究现状及展望 [J]. 工业水处理, 2015: 28-32.

[7] 胡翔, 陈建峰, 李春喜. 电镀废水处理技术研究现状及展望 [J]. 新技术新工艺, 2008: 11-16.

[8] 贾金平, 谢少艾, 陈虹锦. 电镀废水处理技术及工程实例 第二版 [M]. 化学工业出版社, 2009.

[9] 王亚东, 张林生. 电镀废水处理技术的研究进展 [J]. 安全与环境工程, 2008, 15 (3): 69-72.

[10] 胡守贤. 电镀废水处理技术研究概述 [J]. 当代化工, 2011, 40 (7): 743-744.

[11] 潘忠成, 赖娜, 李琛. 吸附法处理电镀废水的研究进展 [J]. 电镀与精饰, 2014, 36 (1): 41-46.

[12] 张晓健, 黄霞. 水与废水物化处理的原理与工艺 [M]. 清华大学出版社, 2011.

[13] 李洋, 孙萌萌, 孟祥龙, 等. 生物法处理锌镍合金电镀废水方法研究 [J]. 水处理技术, 2020, 46 (02): 90-94.

[14] BASARAN G, D KAVAK, DIZGE N, et al. Comparative study of the removal of nickel (II) and chromium (VI) heavy metals from metal plating wastewater by two nanofiltration membranes [J]. Desalination and Water Treatment, 2015: 1-11.

[15] 夏仙兵, 蔡邦肖, 缪佳, 等. 膜工艺在电镀废水处理工程中的应用 [J]. 环境工程学报. 2016, 10 (01): 495-502.

[16] 胡齐福, 吴遵义, 黄德便, 等. 反渗透膜技术处理含镍废水 [J]. 水处理技术, 2007, 33 (9): 72-74.

[17] 杨伟志, 刘文源. 电镀废水综合处理及回用技术研究 [J]. 西南给排水, 2012, 034 (005): 957-960.

[18] TANAKA M, HUANG Y, YAHAGI T, et al. Solvent extraction recovery of nickel from spent electroless nickel plating baths by a mixersettler extractor [J]. Separation and Purification Technology, 2008, 62: 97-102.

[19] MOUSSAVI G, TALEBI S. Comparing the efficacy of a novel waste-based adsorbent with PAC for the simultaneous removal of chromium (VI) and cyanide from electroplating wastewater [J]. Chemical Engineering Research and Design, 2012, 90: 960-966.

[20] ÁLVAREZ-AYUSO E, GARCÍA-SÁNCHEZ A, QUEROL X. Adsorption of Cr (VI) from synthetic solutions and electroplating wastewaters on amorphous aluminium oxide [J]. Journal of Hazardous Materials, 2007, 142: 191-198.

[21] PAKER K. Renewal of spent electroless nickel plating baths [J]. Plating and Surface Finishing, 1981, 67 (3): 48-52.

[22] PANAYOTOVA T, DIMOVA-TODOROVA M, DOBEREVSKY I. Purification and reuse of heavy metals containing wastewaters from electroplating plants [J]. Desalination, 2007, 206: 135-140.

[23] HOSSEINI S S, BRINGAS E, TAN N R, et al. Recent progress in development of high performance polymericmembranes and materials for metal plating wastewater treatment: A review [J]. Journal of Water Process Engineering, 2016, 9: 78-110.

[24] 王洪刚, 李淑民, 韩永艳, 等. 含镍电镀废水处理技术研究进展 [J]. 环境工程学报, 2012, 35 (4): 57-60.

[25] YE J, YIN H, MAI B, et al. Biosorption of chromium from aqueous solution and electroplating wastewater using mixture of Candida lipolytica and dewatered sewagesludge [J]. Bioresource Technology, 2010, 101: 3893-3902.

[26] DAI S, WEI D, ZHOU D, et al. Removing cadmium from electroplating wastewater by waste saccharomyces cerevisiae [J]. Transactions of Nonferrous Metals Society China, 2008, 18: 1008-1013.

[27] THÖMING J. Optimal design of zero-water discharge rinsing systems [J]. Environmental Science and Technology, 2002, 36 (5): 1107-1112.

[28] AUDERSON R W, NEFF W A. Electroless nickel bath recovery by cation exchange and precipitation [J]. Plating and Finishing, 1992, 79 (3): 18-26.

[29] FU F, WANG Q, TANG B. Fenton and Fenton-like reaction followed by hydroxide precipitation in the removal of Ni (II) from NiEDTA wastewater: A comparative study [J]. Chemical Engineering Journal, 2009, 155: 769-774.

[30] FU F, XIE L, TANG B, et al. Application of a novel strategy - Advanced Fenton-chemical precipitation to the treatment of strong stability chelated heavy metal containing wastewater [J]. Chemical Engineering Journal, 2012, 189-190: 283-288.

[31] HUANG X, XU Y, SHAN C, et al. Coupled Cu (II) -EDTA degradation and Cu (II) removal from acidic wastewater by ozonation: Performance, products and pathways [J]. Chemical Engineering Journal, 2016, 299: 23-29.

[32] XU Z, SHAN C, XIE B, et al. Decomplexation of Cu (II) -EDTA by UV/persulfate and UV/H_2O_2: efficiency and mechanism [J]. Applied Catalysis B: Environmental, 2017, 200: 439-448.

[33] XU Z, GAO G, PAN B, et al. A new combined process for efficient removal of Cu (II) organic complexes from wastewater: Fe (III) displacement/UV degradation alkaline precipitation [J]. Water Research, 2015, 87: 378-384.

[34] HOSSEINI S S, BRINGAS E, TAN N R, et al. Recent progress in development of high performance polymeric membranes and materials for metal plating wastewater treatment: A review [J]. Journal of Water Process Engineering, 2016, 9: 78-110.

[35] AL-SHANGNAG M, AL-QODAH Z, BANI-MELHEM K, et al. Heavy metal ions removal from metal plating wastewater using electrocoagulation: Kinetic study and process performance [J]. Chemical Engineering Journal, 2015, 260: 749-756.

[36] MOUSSAVI G, JIANNI F, SHEKOOHIYAN S. Advanced reduction of Cr (VI) in real chrome-plating wastewater using a VUV photoreactor: Batch and continuous-flow experiments [J]. Separation and Purification Technology, 2015, 151: 218-224.

[37] HUANG X F, XU Y, SHAN C, et al. Coupled Cu (II) -EDTA degradation and Cu (II) removal from acidic wastewater by ozonation: Performance, products and pathways [J]. Chemical Engineering Journal, 2016, 299: 23-29.

[38] LI T, WANG H J, DONG W Y, et al. Phosphate removal during Fe (II) oxidation in the presence of Cu (II): Characteristics and application for electro-plating wastewater treatment [J]. Separation and Purification Technology, 2014, 132: 388-395.

［39］KABDAŞLI I，ARSLAN T，ARSLAN-ALATON I，et al. Organic matter and heavy metal removals from complexed metal plating effluent by the combined electrocoagulation/Fenton process ［J］. Water Science and Technology，2010，61：2617-2624.

［40］XU Z，SHAN C，XIE B H，et al. Decomplexation of Cu（II）-EDTA by UV/persulfate and UV/ H_2O_2：efficiency and mechanism ［J］. Applied Catalysis B：Envrionmental，2017，200：439-448.

［41］孟令芝，龚淑玲，何永炳，等. 有机波谱分析（第四版）［M］. 武汉：武汉大学出版社，2016：330-338.

［42］ZHAO X，GUO L，ZHANG B，et al. Photoelectrocatalytic oxidation of Cu（II）－EDTA at the TiO_2 electrode and simultaneous recovery of Cu（II）by electrodeposition ［J］. Environmental Science and Technology，2013，47（9）：4480-4488.

［43］MOULDER J F，STICKLE W F，SOBOL P E. Handbook of X-ray Photoelectron Spectrometers ［M］. Minnesota：Perkin-Elemer Corporation Physical Electronics Division，1992：32-35.

［44］LAN S，XIONG Y，TIAN S，et al. Enhanced self-catalytic degradation of Cu-EDTA in the presence of H_2O_2/UV：evidence and importance of cu-peroxide as a photo-active intermediate ［J］. Applied Catalysis B：Environmental，2016，183：371-376.

［45］YE X，ZHANG J，ZHANG Y，et al. Treatment of Ni-EDTA containing wastewater by electrocoagulation using iron scraps packed-bed anode ［J］. Chemosphere，2016，164：304-313.

［46］XU Z，SHAN C，XIE B，et al. Decomplexation of Cu（II）-EDTA by UV/persulfate and UV/ H_2O_2：Efficiency and mechanism ［J］. Applied Catalysis B：Environmental，2017，200：439-448.

［47］ZOSCHKE K，BÖRNICK H，WORCH E. Vacuum-UV radiation at 185 nm in water treatment － A review ［J］. Water Research，2014，52：131-145.

［48］BELTRÁN F J，ENCINAR J M，GONZÁLEZ J F. Industrial wastewater advanced oxidation ［J］. Water Research，1997，31：2415-2428.

［49］PARK E，JUNG J，CHUNG H. Simultaneous oxidation of EDTA and reduction of metal ions in mixed Cu（II）/Fe（III）-EDTA system by TiO_2 photocatalysis ［J］. Chemosphere，2006，64：432-436.

［50］XU Z，SHAN C，XIE B，et al. Decomplexation of Cu（II）-EDTA by UV/persulfate and UV/ H_2O_2：Efficiency and mechanism ［J］. Applied Catalysis B：Environmental，2017，200：439-448.

［51］MOREIRA F C，BOAVENTURA R A R，BRILLAS E，et al. Electrochemical advanced oxidation processes：A review on their application to synthetic and realwastewaters ［J］，Applied Catalysis B：Environmental，2017，202：217-261.

［52］ADHOUM N，MONSER L，BELLAKHAL N，et al. Treatment of electroplating wastewater containing Cu^{2+}，Zn^{2+} and Cr（VI）by electrocoagulation ［J］. Journal of Hazardous Materials B，2004，112：207-213.

［53］GOLDER A K，SAMANTA A N，RAY S. Removal of Cr^{3+} by electrocoagulation with multiple electrodes：bipolar and monopolar configurations ［J］. Journal of Hazardous Materials，2007，141：653-661.

［54］KABDAŞLL I，ARSLAN T，ÖLMEZ-HANCL，et al. Complexing agent and heavy metal removals from metal plating effluent by electrocoagulation with stainless steel electrodes ［J］. Journal of Hazardous Materials，2009，165：838-845.

［55］POCIECHA M，LESTAN D. Using electrocoagulation for metal and chelant separation from washing solution after EDTA leaching of Pb，Zn and Cd contaminated soil ［J］. Journal of Hazardous Materials，2010，174：670-678.

［56］ CHEN Y, ZHAO X, GUAN W, et al. Photoelectrocatalytic oxidation of metal-EDTA and recovery of metals by electrodeposition with a rotating cathode ［J］. Chemical Engineering Journal, 2017, 324: 74-82.

［57］ PANIZZA M, CERISOLA G. Electrochemical oxidation of 2-naphthol with in situ electrogenerated active chlorine ［J］. Electrochimca Acta, 2003, 48: 1515, 1519.

［58］ HUANG X, XU Y, SHAN C, et al. Coupled Cu (II) -EDTA degradation and Cu (II) removal from acidic wastewater by ozonation: performance, products and pathways ［J］. Chemical Engineering Journal, 2016, 299: 23-29.

［59］ CHEN Y H, CHANG C Y, HUANG S F, et al. Decomposition of 2-naphthalenesulfonate in electro-plating solution by ozonation with UV radiation ［J］. Journal of Hazardous Materials B, 2005, 118: 177-183.

［60］ HANELA S, DURÁN J, JACOBO S. Removal of iron-cyanide complexes from wastewaters by combined UV-ozone and modified zeolite treatment ［J］. Journal of Environmental Chemical Engineering, 2015, 3: 1794-1801.

［61］ CUI J, WANG X, YUAN Y, et al. Combined ozone oxidation and biological aerated filter processes for treatment of cyanide containing electroplating wastewater ［J］. Chemical Engineering Journal, 2014, 241: 184- 189.

［62］ SARLA M, PANDIT M, TYAGI D K, et al. Oxidation of cyanide in aqueous solution by chemical and photochemical process ［J］. Journal of Hazardous Materials B, 2004, 116: 49-56.

［63］ 马捷. 中国电镀史 ［M］. 北京：化学工业出版社, 2014.9.